校订本 己

事物掌故丛谈

器用杂物

杨荫深 编著

上海辞书出版社

引　言

提起日常器用杂物，真是不胜枚举，这一本小册子里当然只能举其最重要者，大略地说一说而已。

大约日常所用的器物，概括说来，可分：一、书写的文具，二、修饰的妆具，三、裁剪的缝具，四、饮食的食具，五、坐卧的家具，六、称量的用具。至于娱乐的玩具，以及农工商各业专用的工具，因为非日常一般器用范围之内，且本丛书另有谈到那方面的，当然附及，所以这一册里都不提到了。

即使是这六项，可谈的也是很多，这里只能择其重要的来谈一谈，如文具只及四宝，妆具只关理发方面，缝具仅有针剪，食具只说磁器之类，家具只谈木器方面，称量虽及度量衡三者，但也只能谈到古时创造的由来，不能详细地将古今中外异制作个比较的。这因为本书是重在掌故，所以谈过去的较详，谈现今的较略。

至于附录部分，专辑各物传记。此体始于唐之韩愈《毛颖传》，虽为游戏之作，要亦可以观各物由来的大略，在掌故上说起来是很有价值的。

本书的写成，时间上极为匆促，错误之处，希读者为之校正，不胜感幸！

杨荫深　一九四五年十一月廿八日雨声中

目录 CONTENTS

一 笔墨

Brushes and Ink

诗与画印

又如明屠隆《考槃馀事》所云,更较王说为多:

笔之所贵者在毫。广东番禺诸郡,多以青羊毛为之,以雉尾或鸡鸭毛为盖,五色可观。或用丰狐毛、鼠须、虎毛、羊毛、麝毛、鹿毛、羊须、胎发、猪鬃、狸毛造者,然皆不若兔毫为佳。兔以崇山绝壑中者,兔肥毫长而锐。秋毫取健,冬毫取坚,春秋之毫则不堪矣。若中秋无月,则兔不孕,毫少而贵。朝鲜有狼毫笔亦佳,近日所制尤精绝。

按:狼毫笔今亦名贵,据此则实始于朝鲜的。至于笔管,除竹以外,也代有增华,仍引《考槃馀事》所录云:

古有金管、银管、斑管、象管、玳瑁管、玻璃管、镂金管、绿沈漆管、棕竹管、紫檀管、花梨管,然皆不若白竹之薄标者为管。最便持用,笔之妙尽矣。他又何尚焉?冬月以纸帛衣管,以避寒者,似亦难用,悉不取也。

这许多金银等华丽的笔管，诚如屠氏所说，均抵不过白竹管来得便利。王羲之《笔经》中也早说过："昔人或以瑠璃象牙为笔管，丽饰则有之，然笔须轻便，重则踬矣。"只可作为丽饰，不能作为实用。但如《全唐诗话》韩定辞所说，则此种丽饰笔管，也别有用处的。《诗话》云：

韩定辞聘燕，赠幕客马彧诗曰：『盛德好将银笔述。』后彧答聘常山，问韩银笔之事。韩曰：『昔梁元帝为湘东王时，好学著书，常纪忠臣义士及文章之美者，笔有三品，或以金银雕饰，或以斑竹为管。忠孝全者用金管书之，德行清粹者用银管书之，文章赡丽者以斑竹书之，故湘东之誉振于江表。』

是梁元帝即曾用以为记载忠义文士之用，然在他人未必有分得如此仔细的。而今的各种笔，各地恐怕都有，惟以人须为毫，于今似为少闻。唐张怀瓘《书断》里却有一个笑话云：

岭南兔，尝有郡牧得其皮，使工人削笔。醉失之，大惧，因剪己须为笔，甚善。更使为之，工者辞焉。诘其由，因实对，遂下令使一户输人须。或不能致，辄责其直。

此恐为贪官之流，否则何得强责人以输值的。

王羲之《笔经》中也早说过："昔人或以瑠璃象牙为笔管，丽饰则有之，然笔须轻便，重则踬矣。"只可作为丽饰，不能作为实用。

今笔以湖州所制为最佳，故世称“湖笔”。然湖笔之闻名实始于元明，前则未闻。如《考槃馀事》云：

古者蒙恬创笔。南朝老姥善作笔。开元中，笔匠名铁头，能莹管如玉；宣州有诸葛高，常州许颖。国朝有陆继翁、王古用皆湖人，住金陵；吉水有郑伯清，吴兴有张天锡，惜乎近俱失传其妙。大抵海内笔工皆不若湖之得法。

按：南朝老姥今不能详其人。铁头名见《酉阳杂俎》。诸葛高为唐宋时最著名的笔工。宋陶穀《清异录》中即载其事云：

伪唐宜春王从谦，喜书札，学晋二王楷法，用宣城诸葛笔，一枝酬以十金，劲妙甲当时，号为『翘轩宝帚』，士人往往呼为『宝帚』。

《宣城县志》更详述其为宋时名人所称誉云：

诸葛高，世工制笔，称重荐绅间。梅圣俞次欧阳永叔《试诸葛笔》诗：『笔工诸葛高，海内称第一。』黄鲁直诗：『宣州变样蹲鸡距，诸葛名家捋鼠须。一束喜从公处得，千金求向市中无。』苏子瞻云：『诸葛氏笔，譬如内法酒，北苑茶，纵有佳者，尚难得其仿佛。』林和靖云：『顷得宛陵葛生笔，如麾百胜之师，横行纸墨，所向如意。』

然今宣城除纸以外，即未闻以笔著称的。盖诸葛笔自元以后，即为湖人所夺，如《西吴枝乘》所云："吴兴毛颖之技甲天下。元时冯应科者擅长，至与赵子昂、钱舜举并名。今世犹相沿尚之，其知名者曰翁氏陆氏张氏，皆毚毫也。"当时子昂以字名，舜举以画名，应科则以笔名，时称为吴兴三绝云。

笔与书法家最相密切，故古时有设笔冢以葬败笔的，如《书断》所云："唐僧智永，积年学书，有秃笔头十瓮，每瓮皆数石。后取笔头瘗之为退笔冢，自制铭志。"《国史补》又说："长沙僧怀素好草书，弃笔堆积，埋于山下，号曰笔冢。"

墨字从黑土，《说文》所谓："墨者黑也，松烟所成，土之类也。"其创始或谓早在黄帝时，如明徐炬辑《古今事物原始》云："后汉李尤《墨砚铭》曰，书契既造，墨砚乃陈；则二物皆黄帝时始。"或谓迟在魏晋时，如元陶宗仪《南村辍耕录》云："上古无墨，竹挺点漆而书。中古以石磨汁，或云是延安石液。至魏晋时始有墨丸，乃漆烟松煤夹和为之。"此二说一则未免过早，一则未免过晚。《说文》为后汉许慎所撰，他已说到墨为松烟所成，是明明汉时已有墨了，决不晚至魏晋方才发明的。大约有了兔毛的笔，就有人发明了烟煤的墨。《南村辍耕录》又云：

晋人多用凹心砚者，欲磨墨贮沈耳。自后有螺子墨，亦墨丸之遗制。唐高丽岁贡松烟墨，用多年老松烟，和麋鹿胶造成。至唐末墨工奚超与其子廷珪，自易水渡江，迁居歙州，南唐赐姓李氏。廷珪父子之墨，始集大成，然亦尚用松烟。廷珪初名廷邽，故世有奚廷珪墨，又有李廷邽墨，或作庭珪字者，伪也，墨亦不精。宋熙丰间，张遇供御墨，用油烟入脑麝金箔，谓之龙香剂。元祐间，潘谷墨见称于时。自后蜀中蒲大韶、梁杲、徐知常及雪斋、齐峰、叶茂实、翁彦卿等出，世不乏墨。惟茂实得法，清黑不凝滞，彦卿莫能及。中统至元以来，各有所传，可以仿古。

从这一段记载里面，颇可以考见中国自晋至元的一些墨工史略。今墨以徽州所产为最著名。歙即属徽，可知由来已久了。至明代以墨名家的，可阅明高濂的《遵生八笺》：

> 今世所尚，以罗小华为最。罗之墨固善矣。余所见国初查文通龙忠迪墨，碧天龙气墨，水晶宫墨，遂安方正牛舌墨，石青填字赤金为衣者。苏眉阳幼年所制，祖李遗法，卧蚕小墨。世宗时邵格之墨。如方于鲁寥天一九云三极，国宝，非烟等墨，亦皆精品。

其中尤以方于鲁为最著名，他且刻有《墨谱》一书，当时为文士们所最羡称。据清代钱泳《履园丛话》云："近时曹素功、詹子云、方密庵、汪节庵辈所制俱可用。"胡开文似又在其后了。

墨的制法是合烟煤和胶而成。烟煤又有松烟与油烟之别。松烟较油烟为佳，而徽地之松又较他地为佳，此所以徽墨能独负盛名的缘故。古时惟有松烟，后则乃有油烟，如宋赵希鹄《洞天墨录》所云：

古墨惟以松烟为之，曹子建诗：『墨出青松烟，笔出狡兔翰。』唐诗：『轻翰染松烟。』东坡诗：『徂徕无老松，易水无良工。』《闻见录》云：『唐李超，易水人，与子廷珪亡至歙州，其地多松，因留居，以墨名家。』《仇池笔记》：『真松煤远烟者，自有龙麝气。世之嗜者，如滕达道、苏浩然、吕行甫，暇日晴暖，研墨水数合，弄笔之余，乃啜饮之。』近世称徽墨，率用桐油烟，既非古法，墨成亦用漆为衣始光。东坡云：『光而不黑，索然无神气，亦复安用？』殆此等耶。

二 纸砚

Paper and Ink Stone

紙（“纸”的繁体字——编者注）字从糸，又作帋，从巾，盖纸本为缣帛之类，故制字如此。自汉蔡伦发明以树麻布网为纸以后，纸实已非缣非帛的了。

纸皆知为蔡伦所发明，此事载《后汉书》中，可谓确实无疑。但蔡伦以前，未始没有纸的，即以缣帛为纸，这实在是纸的原来意义。再前则为简写版，所用乃是竹片木板，如宋赵彦卫《云麓漫抄》云：

上古结绳而治。二帝以来，始有简册，以竹为之，而书以漆；或用版，以铅画之，故有刀笔铅椠之说。秦汉末用缣帛，如胜广书帛内鱼腹，高祖书帛射城上。至中世渐用纸，《赵后传》所谓『赫蹏』者，注云『薄小纸』，然其实亦缣帛。《蔡伦传》：『用缣帛者谓之纸，缣贵简重不便于人，伦乃用木肤麻皮等。』则古之纸即缣帛，字盖从糸云。

可知纸非蔡伦所发明，蔡伦不过发明以树麻等物为纸而已。这正如蒙恬造笔一样，笔非蒙恬所创始，乃由他所改造而已。

这种蔡侯纸(《后汉书·蔡伦传》云：“伦用树肤麻头及敝布鱼网以为纸，元兴元年奏上之。帝善其能，自是莫不从用焉，故天下咸称蔡侯纸。”）大约初时未必怎样精致的，且还没有竹制的纸，而现在却以竹纸为最通行。按：宋苏轼《东坡志林》云：“昔人以海苔为纸，今无复有。今人以竹为纸，亦古所无有也。”既云今人，可知始于宋时，在前还没有的。其后纸的名目殊多，如明高濂《遵生八笺》所云：

上古无纸，用汗青者，以火炙竹，令汗出取青，易于作书。至汉蔡伦始制纸，诚万世利也。初捣渔网为纸曰网纸，以布作者曰麻纸，以楮皮作者曰谷纸。蜀有凝光纸、云蓝笺、花叶纸、十色薛涛笺，名曰蜀笺。有侧理纸、松花纸、流沙纸、彩霞金粉龙凤纸、绫纹纸、短帘白纸、硬黄纸、布纸、缥红纸、青赤绿桃花笺、藤角纸、缥红麻纸、桑根纸、六合笺、鱼子笺、苔纸。建中年有女儿青纸、卵纸。宋有澄心堂纸、蜡黄藏经笺、白经笺、碧云春树笺，有龙凤印边三色内纸，有印金团花并各色金花笺纸，有藤白纸，研光小本纸。李伪主造会府纸，长二丈，阔一丈，厚如缯帛数重。陶穀家藏有鄱阳白数幅，长如匹练，西山观音帘纸、鹄白纸、蚕茧纸、竹纸、大笺纸。元有黄麻纸、铅山纸、常山纸、英山纸、临川小笺纸、上虞纸，又若子邑之纸，妍妙辉光，皆世称也。今之楚中粉笺、松江粉笺，为纸至下品也，一霉即脱，陶穀所谓化化笺此尔，止可用供溷材，一化也；货之店中包面药果之类，二化也。

此把古今重要的纸品，都已叙述到了，现在则或有或无。就中尤以薛涛所制及十色蜀笺最为历代文人所羡称。据元费著《蜀笺谱》云：“纸以人得名者，有谢公，有薛涛。所谓谢公者，谢司封景初师厚，师厚创笺样以便书尺，俗因以为名。薛涛本长安良家女，元稹等竞与酬和，躬撰深红小彩笺，裁书供吟，献酬贤杰，时谓之薛涛笺。谢公有十色笺，深红、粉红、杏红、明黄、深青、浅青、深绿、浅绿、铜绿、浅云，即十色也。涛所制笺特深红一色尔。”是十色蜀笺乃谢公所制，与薛涛笺不能混谈，高氏所说似有误的。

古人所用的纸，大抵以黄色为多，后则乃用白色，至今犹然。如明刘元卿《贤奕》云：

古人写书，尽用黄纸，故谓之黄卷。颜之推曰：『读天下书未遍，不得妄下雌黄。』雌黄与纸色类，故用之以灭误。今人用白纸，而好事者多用雌黄灭误，殊不相类。

器用杂物

又宋叶梦得《石林燕语》云：

唐中书制诏有四，封拜册书用简，以竹为之；画旨而行者曰发曰敕，用黄麻纸；承旨而行者曰敕牒，用黄藤纸；赦书皆用绢黄纸。始贞观间，或曰取其不蠹也。纸以为麻为上，藤次之，用此为重轻之辨。学士制不自中书出，故独用白麻纸而已，因谓之白麻。今制不复以纸为辨，号为白麻者，亦池州楮纸耳。

盖唐时尚有黄白之分，至宋则一体用白，不复辨别了。

砚字从石，盖砚为石所制。字本作研，后乃作砚。宋马永卿《懒真子》所谓："古无砚字，古人诸事简易，凡研墨不必砚，但可研处只为之尔。矛楯螭蚴载于前世，不若今世事之冗长，故只为之研，不谓之砚。"马氏又云："文房四物，见于传记者若纸笔墨皆有据，至于砚即不见之。独前汉张彭祖少与上同砚席书，又薛宣思省吏职，下至笔砚皆为设方略。然伍缉之《从征记》孔子庙中有石砚一枚，乃夫子平生物，非经史，不足信。"是砚实始于汉时，在前或未必专有的。

砚在唐以前，尚不为人所注重，至唐时文士始渐渐讲究砚石的选择。宋人更视同珍玩，《砚谱》一类书籍，层出不穷，著名者如米芾《砚史》、李之彦《砚谱》、唐积《歙州砚谱》、叶樾《端溪砚谱》、洪景伯《歙砚谱》、林绾《云林石谱》、曹继善《歙砚说》等等，其他笔记中所载及的更多，大文豪苏轼且为撰《万石君罗文传》，以传砚事。砚在宋时可谓被文士盛传到极致了。至于宋人所推崇的砚，或端或歙，而端尤胜于歙，如宋赵希鹄《洞天清录》云：

世之论砚者，皆曰多用歙石，盖未知有端溪。殊不知历代以来，皆采端溪，至南唐李主时，端溪旧坑已竭，故不得已而取其次，歙乃端之次也。

至歙砚之被发现,据洪景伯《歙砚谱》所载是这样的:

婺源砚在唐开元中,猎人叶氏逐兽至长城里,见叠石如城叠状,莹洁可爱,因携以归,刊粗成砚,温润大过端溪。后数世,叶氏诸孙持以与令,令爱之,访得匠手斫为砚,由是山下始传。至南唐元宗精意翰墨,歙守又献砚并荐砚工李少微,国主嘉之,擢为砚官令。

至于端砚究有如何的美，则清吴兰修《端溪砚史》中颇言其详，兹引录如下：

端石之美五：一『青花』，欲细不欲粗，欲活不欲枯，欲沉不欲露，欲晕不欲结……如缁尘翳于明镜，如墨沈著于湿纸，斯绝品矣。一『鱼脑』，白如晴云，吹之欲散，松如团絮，触之欲起者，是无上品。亦名鱼脑冻，冻者水肪之所凝也。白而嫩者次之，灰而红下矣。一『蕉白』，如蕉叶初展，含露欲滴者上也，素洁者次之，黄而焦蓝而灰下矣。一『天青』，如秋雨乍晴，蔚蓝无际者上也，阴而晦下矣。青花者石之荣，鱼脑蕉白者石之髓，天青者石之肉。荣无质，必傅他质而著之，傅于天青者上品，傅于鱼脑蕉白者无上上品，惟大西洞有之。一曰『冰纹冻』，白晕纵横，有痕无迹，罥如蛛网，轻若藕丝，是谓异品，亦出大西洞。他洞白纹如线，适损毫墨，虽曰冰纹，非所尚矣。

要鉴赏砚的美恶，大约从上文可以略知一斑了。

三 扇拂

Fans and Horsetail Whisks

扇又称箑，据明李时珍《本草纲目》云：“上古以羽为扇，故字从羽，后人以竹及纸为箑，故字从竹。”然此实为李氏想象之辞。按：汉扬雄《方言》有云：“扇自关而东谓之箑，自关而西谓之扇。”则扇箑固是方言的不同，并非因制法异而名不同的。且扇的古义为扉，《说文》所谓：“扇，扉也，从户从翄省声。”字非从羽，李氏误解之至。今称门有一扇两扇，一扇为户，两扇为门；又《尔雅》：“以木曰扉，以苇曰扇。”则扇实为苇编成的户。后世大约以箑亦如扇状，故又称为扇罢！

扇在上古未必为拂凉之用，所以如晋崔豹《古今注》云：

雉尾扇，起于殷世，高宗时有雊雉之祥，服章多用翟羽。周制以为王后夫人之车服，舆车有翣，即缉雉羽为扇翣，以障翳风尘也。汉朝乘舆服之，后以赐梁孝王。魏晋以来无常，准诸王皆得用之。

扇子 今称门有一扇两扇，一扇为户，两扇为门；又《尔雅》："以木曰扉，以苇曰扇。"则扇实为苇编成的户。后世大约以箑亦如扇状，故又称为扇罢！

此雉尾扇只为王者仪饰，所谓"障翳风尘"而已。其后则由大变小，形制遂多，除装饰外，又多作为拂凉之用了。其由来沿革，诚如明徐炬辑《古今事物原始》所云：

《古今注》曰：『扇一名箑。』《黄帝内传》有『五明扇』，天子用『雉尾扇』，即掌扇也。舜广开视听，以求贤人，作『五明扇』。又云武王使玄览作之，汉名为『障翳』。今之『招凉扇』始于北宋时。今之『折叠扇』始于东夷所贡，永乐间始盛于中国。倭人亦制为泥金扇面。晋谢安乡人有作『蒲葵扇』五万，安执一把用之，士庶增数倍。王嘉《拾遗记》，周昭王时，修涂国献丹鹊一雄一雌，孟夏取鹊翅为扇，一名条翮，一名仄影：此作『羽扇』之始。王羲之在蕺山时，一老媪持『六角竹扇』以卖，羲之书五字于扇上，媪初有愠色，羲之曰：『但云右军书求百钱。』人竞买之。《西京杂记》云，时长安巧工丁缓作『七轮扇』，大径丈余，使一人运之，满堂皆寒。今禁中洎宗戚贵戚亦为此。初晋王珉与嫂婢通，嫂知挞之，珉好持『白团扇』，婢制《白团扇歌》赠珉云：『团扇复团扇，许持自障面。憔悴无复理，羞与郎相见。』今女子新婚用罗扇遮面，乃其遗事。王元宝有一『皮扇子』，制作甚质，暑月燕客，置扇于坐前，用新水洒之，则飒然风生，巡酒之间，客有寒色。明皇使中使取而视之，爱而不受曰：『乃龙皮扇子也。』《宋朝会要》曰：『汉世之长柄扇即团扇。汉武帝时，王侯不得用雉扇，公以下用团扇。』

至今以折扇与团扇为最流行。而折扇此云明永乐时始盛于中国,实非。明陆深《春风堂随笔》云:

今世所用折叠扇,亦名聚头扇。吾乡张东海先生以为始于永乐间。予见南宋以来诗词,咏聚扇者颇多。予收得杨妹子所写绢扇面,折痕尚存。东坡谓高丽白松扇展之广尺余,合之止两指许,正今折扇,盖自北宋已有之。

按：此说极是，宋张世南《游宦纪闻》正云："高丽国宣和六年九月，遣使李资德金富辙至本朝谢恩，私觌之物，有松扇三盒，折叠扇二只。"此折扇岂非明明在北宋时已有之呢。至于扇上以之题字作画，即似始于上文所引的王羲之。此书载于《晋书》羲之本传，当可置信。

拂即俗称拂子，用以拂尘，与古扇以障尘，效用颇同。古多以麈尾为之，故亦称麈尾。在六朝的时候，文士大多执拂而谈，这正如后来文人的执扇，同一认为风雅的事，并且还含有指挥之意，所以《名苑》有云："麈似鹿而大，其尾辟尘。群鹿随麈，皆视其尾为准，故古之谈者挥焉。"但贫者亦有用麻绳作的，如《宋书·武帝本纪》，云武帝："床头，有土鄣，壁上葛灯笼，麻绳拂，侍中袁凯盛称上俭素之德。"至唐又有棕作的拂子，如杜甫有《棕拂子诗》，韦应物有《棕榈蝇拂歌》。但皆用以去蝇，不像六朝人执以挥谈，此则与今制的拂子相似了。

扇子

《春风堂随笔》云："今世所用折叠扇，亦名聚头扇。……予见南宋以来诗词，咏聚扇者颇多。予收得杨妹子所写绢扇面，折痕尚存。东坡谓高丽白松扇展之广尺余，合之止两指许，正今折扇，盖自北宋已有之。"

四 镜鉴

Mirrors

古镜

李时珍《本草纲目》:“镜乃金水之精,内明外暗。古镜如古剑,若有神明,故能辟邪魅忤恶。凡人家宜悬大镜,可辟邪魅。”

镜古又称为鉴。《释名》以为:“镜景也，言有光景也。”《广雅》:“鉴谓之镜。”其字从金旁，盖古镜皆为五金所制，不像现在用玻璃的。

镜相传为黄帝所创造，如《轩辕内传》云:“帝会王母于王屋山，铸镜十二，随月用之，此镜之始也。”又梁任昉《述异记》云:“饶州俗传轩辕氏铸镜于湖边，今有轩辕磨镜石，石上常洁，不生蔓草。”抑若黄帝真曾造镜，且有确实地点。但《天中记》却又说“舜臣尹寿铸镜”，则又不知根据什么记载了。

镜在古时视为神秘之物的，道家常说镜能照妖，创黄帝初铸之说者，一定是道家所附会而来罢！关于此中神秘，隋王度《古镜记》中说得很详细，但这只能作为小说看，不能视为事实是如此。其他历代笔记中所载尤夥，不能列举，兹仅引明李时珍《本草纲目》中所说的如下:

镜乃金水之精，内明外暗。古镜如古剑，若有神明，故能辟邪魅忤恶。凡人家宜悬大镜，可辟邪魅。《刘根传》云：『人思形状可以长生，用九寸明镜照面熟视，令自识己身形久则身神不散，疾患不入。』葛洪《抱朴子》云：『万物之老者，其精悉能托人形惑人，唯不能易镜中真形，故道士入山，以明镜径九寸以上者背之，则邪魅不敢近，自见其形，必反却走。转镜对之视有踵者山神，无踵者老魅也。』群书所载古镜灵异，往往可证，漫撮于左方。《龙江录》云：『汉宣帝有宝镜如八铢钱，能见妖魅，帝常佩之。』《异闻记》云：『隋时王度有一镜，岁疫令持镜诣里中，有疾者照之即愈。』《樵牧闲谈》云：『孟昶时，张敌得一古镜径尺余，光照寝室如烛，举家无疾，号无疾镜。』《西京杂记》云：『汉高祖得始皇方镜，广四尺，高五尺，表里有明，照之则影倒见；以手捧心，可见肠胃五脏。人疾病照之，则知病之所在。女子有邪心，则胆张心动。』《酉阳杂俎》云：『无劳县舞溪石窟有方镜，径丈，照人五脏，云是始皇照骨镜。』《松窗录》云：『叶法善有一铁镜，照物如水。人有疾病，照见脏腑。』《宋史》云：『泰宁县耕夫得镜，厚三寸，径尺二，照见水底，与日争辉。病热者照之，心骨生寒。』《云仙录》云：『京师王氏有镜六鼻，常有云烟，照之则左右前三方事皆见。黄巢将至，照之兵甲如在目前。』《笔谈》云：『吴僧一镜，照之知未来吉凶出处。』又有火镜取火，水镜取水。皆镜之异者也。

这里所举许多的镜，在现在看来，有几种是不足为怪的。如能照人脏腑，则现在有X光镜，正能如此；照远如在目前，则正是现在的望远镜。至于照之能辟邪无疾，皆是道家妄诞之说，自不足信。其实古镜亦不过为五金所制，哪里是什么“金水之精”？试看明宋应星《天工开物》所说，就可知镜是怎样制成的：

凡铸镜，模用灰沙，铜用锡和。《考工记》亦云：『金锡相半，谓之鉴燧之剂。』开面成光，则水银附体而成，非铜有光如许也。唐开元宫中镜，尽以白银与铜等分铸成，每口值银数两者以此。故朱砂斑点，乃金银精华发现。我朝宣炉，亦缘某库偶灾，金银杂铜锡，化作一团命以铸炉。唐镜宣炉，皆朝廷盛世物也。

是镜不过用铜锡相和而作，原无奇异之处。不过古时以镜可照人，于是又有诫人之意，所谓辟邪无疾，无非是诫人而已。因此对于镜的构造，穷极讲究，铭字以外，又加雕绘，种种皆有用意，诚如《博古图》中所云：

今汉唐之器，其规模大抵皆法远古。是以圜者规天，方者法地，六出所以象诸物，八方所以定其位。左右上下则有四灵，错综经纬则有五星。具一日之数，则载之以十有二辰；具一岁之数，则载之以十有二月。周其天者有二十八宿，拱其位者有三神八卫。或象玉女之起舞，或肖五岳之真形。凡九天之上，九地之下，所主治者，莫不咸在，则取象未尝不有法也。是以制作之妙，或中虚而谓之夹鉴，或形蜕而名以浮水。以龙蟠其上者，取诸龙护之象也；以凤饰其后者，取诸舞鸾之说也。以至或为异花奇卉海兽天马羽毛鳞甲之属，或为嘉禾合璧比目连理瑞世之珍，或乳如钟，或华如菱。至于铭其背，则又有作国史语而为四字，有效柏梁体而为七言，或单言之不足，或长言之有余，或以纪其姓名，或以识其岁月。如言『尚方玉堂』者，用于奉御也；如言『宜官宜侯王』者，用之百执也；如言『宜子孙』者，用以藏家也。若『千秋万岁』之语，则所以美颂者如此；作十六符篆，则所以辟邪者如此。

这里可谓说尽古镜的大概了。古镜大多都是这样含有用意的,不像现今制镜这般简单。

镜古时还有一个佳话,那便是“破镜重圆”,现在还尚为人所引用,兹亦附载于此。唐孟棨《本事诗》云:

陈太子舍人徐德言之妻,后主叔宝之妹,封乐昌公主,才色冠绝。时陈政方乱,德言知不相保,谓其妻曰:『以君之才容,国亡必入权豪之家,斯永绝矣。倘情缘未断,犹冀相见,宜有以信之。』乃破一镜,人执其半,约曰:『他日必以正月望日卖于都市,我当在,即以是日访之。』及陈亡,其妻果入越公杨素之家,宠嬖殊厚。德言流离辛苦,仅能至京,遂以正月望日,访于都市。有苍头卖半镜者,大高其价,人皆笑之。德言直引至其居,设食,具言其故,出半镜以合之,仍题诗曰:『镜与人俱去,镜归人未归。无复嫦娥影,空留明月辉。』陈氏得诗,涕泣不食。素知之,怆然改容,即召德言,还其妻,仍厚遗之,闻者无不感叹。仍与德言陈氏偕饮,令陈氏为诗曰:『今日何迁次,新官对旧官。笑啼俱不敢,方验作人难。』遂与德言归江南,竟以终老。

镜鉴

镜不过用铜锡相和而作，原无奇异之处。不过古时以镜可照人，于是又有诫人之意，所谓辟邪无疾，无非是诫人而已。

最后想到我们现在所戴的眼镜了，虽与镜鉴不同，但也称之为镜。此物古实未有，至明时方才有传入的。明张靖之《方州杂录》云：

向在京师，于指挥胡豅寓，见其父宗伯公所得宣庙赐物，如钱大者二，形色绝似云母石，而质甚薄，以金相轮廓而纽之，合则为一，歧则为二，如市中等子匣。老人目昏不辨细书，张此物加于双目，字明大加倍。近又于孙景章参政处见一具，试之复然。景章云：『以良马易于西域贾胡，其名曰叆叇。』

又如明郎瑛《七修类稿》云：

少尝闻贵人有眼镜，老年人可用以观书。予疑即《文选》中玉珧之类。及霍子麒送一枚来，质如白玻璃，大如钱，红骨镶二片，可开合而折叠之。问所从来，则曰：『甘肃番人贡至而得者。』丰南禺曰：『乃活车渠之珠，须养之怀中，勿令干，然后可。』予得之二十年无用。

可知当时都视眼镜犹为贵物，世极罕见，而来自外国，非我国所原产。惟至清时，则已普遍极了。清赵翼《陔馀丛考》有云：

眼镜在前明极为贵重，或须自内府，或购之贾胡，非有力者不能得，今则遍天下矣。盖本来自外洋，皆玻璃所制；后广东人仿其式，以水精（即水晶——编者注）制成，乃更出其上也。刘跂《暇日记》：『史沆断狱，取水精十数种以入。初不喻，既而知案牍故暗者，以水晶承日照之则见。』是宋时已知水晶能照物，但未知作镜耳。

按：赵氏为乾隆时人，可知眼镜在清中叶已甚盛行，国人且能自制的了。

五 梳篦

Combs

梳篦皆为理发之具。篦古亦作枇,《释名》以为:“梳言其齿疏也;枇言细相比也。”今亦如此,梳疏而篦密。总名则谓之栉,所以《说文》云:“栉,梳枇总名也。”

梳篦究始于何时,明徐炬辑《古今事物原始》引《实录》云:“赫胥氏造梳,以木为之,二十四齿,取疏通之义。”赫胥氏据《庄子》云:“夫赫胥氏之时,民居不知所为,行不知所之,含哺而嬉,鼓腹而游。”注:“司马云,赫胥氏上古帝王也。一云有赫然之德,使民胥附,故曰赫胥,盖炎帝也。”这样说来,梳篦的发明是很早的,推源到炎帝,则未免有些神话罢!因为那还是“民居不知所为”的时代,未必有此发明的。

惟栉之为用,《礼记·玉藻》中已有详细说到,如云:“日五盥,沐稷而靧粱,栉用樿栉,发晞用象栉。”据注云:

盥,洗手也。沐稷,以淅稷之水洗发也。靧粱,以淅粱之水洗面也。樿栉,白木梳也。晞,干也。象栉,象齿梳也。发湿则滑,故用木梳;干则涩,故用象梳也。

可知周时已很讲究，居然有象牙制的，在现今也不过如此。《考工记》也有“栉人”之官，可惜原文已阙，不得其详，否则当更有详细的说明罢！按：櫛（“栉”的繁体字——编者注）人的櫛，原作楖，无竹头，明杨慎《丹铅总录》云：

《周礼·考工记》有『楖人』，注：『楖庄密切。』《释文》引《左传》『使婢子执巾栉』注，栉楖是一也。《广雅》曰：『梳，栉也。』《诗》：『其比如栉。』史：『大禹栉风沐雨。』则楖之来古矣。但梳以木为之，栉又从竹，复矣，当从《考工记》为是。

则亦有其理由的。

梳在上面说过，古时已有用象牙的，但通常却以木为主，象牙终究是奢侈的，如宋王栐《燕翼贻谋录》云：

仁宗时，宫中以白角造梳，长至一尺，议者以为妖。仁宗亦恶其侈，皇祐元年十月，诏禁中外不得以角为梳，长不得过四寸。终仁宗之世，无敢犯者。其后侈靡之风盛行，梳不特白角，又易以象牙玳瑁矣。

夫以帝王之尊，犹以用白角为侈，则可知普通所用，只是木质而已。但如宋陶穀《清异录》所云："洛阳少年崔瑜卿，多赀喜游冶。尝为娼女玉润子造绿象牙五色梳，费钱近二十万。"那真是太侈了，不知现在还有这样珍贵的梳否？同书又说到："篦诚琐缕物也，然丈夫整鬓，妇人作眉，舍此无以代之，余名之曰鬓师眉匠。"以篦用之作眉，在现今似未闻见。大约古时妇人的眉较浓，不像现在剃去重画，所以也要篦作罢！惟如古人留须，也有用小梳梳须的，称为须师，倒更为切合。同书又云："修养家谓梳为木齿丹，法用奴婢细意者执梳理发无数日，愈多愈神。"木齿丹究有何用，不得而知。惟据李时珍《本草纲目》中对于梳篦也有一条，云可"主小便淋沥，乳汁不通，霍乱转筋，噎塞"。就是这些功用吗？服法当然是将梳烧灰，和酒或水服之。可是这些有无医理根据，可不得而知了。

说到这里，篦也有一个很妙的故事，那便是宋时高俅就因篦刀而得宠的。据王明清《挥麈后录》云：

高俅者，本东坡先生小史，笔札颇工。东坡自翰苑出帅中山，留以予曾文肃。文肃以史令已多，辞之，东坡以属王晋卿。元符末，晋卿为枢密都承旨时，陵为端王，在潜邸日，已自好文，故与晋卿善。在殿庐侍班邂逅，王云：『今日偶忘记带篦刀子来，欲假以掠鬓可乎？』晋卿从腰间取之。王云：『此样甚新可爱。』晋卿言：『近造二副，一犹未用，少刻当以驰内。』至晚，遣俅赍往。值王在园中蹴鞠，俅候报之际，睥睨不已。王呼来前，询曰：『汝亦解此技耶？』俅曰：『能之。』漫令对蹴，遂惬王之意，大喜，呼隶辈云：『可往传语都尉，既谢篦刀之贶，并所送人皆辍留矣。』由是日见亲信。

按：祐陵即宋徽宗，蹴鞠犹今踢球。高俅为那时大权臣，不想他的得幸，竟是为了一副小小的篦刀呢。

六 针剪

Needles and Scissors

缝纫之具，其最重要者，为针为剪。针本作鍼，古又作箴，如《礼记·内则》云：“衣裳绽裂，纫箴请补缀。”又如荀子《箴赋》云：

有物于此，生于山阜，处于室堂。无知无巧，善治衣裳；不盗不窃，穿窬而行。日夜合离，以成文章。以能合从，又善连衡。下覆百姓，上饰帝王。功业甚博，不见贤良。时用则存，不用则亡。臣愚不识，敢请之王。王曰：此夫始生钜其成功小者邪！长其尾而锐其剽者邪！头铦达而剽赵缭者邪！一往一来，结尾以为事；无羽无翼，反覆甚极。尾生而事起，尾邅而事已。簪以为父，管以为母。既以缝表，又以连里。夫是之谓箴理。

针剪

缝纫之具，其最重要者，为针为剪……《礼记·内则》云："衣裳绽裂，纫箴请补缀。"

这所说的箴，就是针。大约古时针本用竹所制，古字从竹，后则用金属所制，故字又改为金旁了。

针为谁人所发明，据明徐炬辑《古今事物原始》：“《内传》云，太昊制九针之始。”这是说得很渺茫的，大约始有衣裳，就有针为之缝纫罢！

关于针的制法，明宋应星《天工开物》中说得很详细，兹就引录如下：

凡针先锤铁为细条，用铁尺一根，锥成线眼，抽过条铁成线，逐寸剪断为针。先鎈其末成颖，用小槌敲扁其本，刚锥穿鼻，复鎈其外，然后入釜，慢火炒熬。炒后以土末入松木火矢豆豉三物罨盖，下用火蒸，留针二三口，插于其外，以试火候。候其外针入手捻成粉碎，则其下针火候皆足，然后开封入水健之。凡引线成衣与刺绣者，其质皆刚，唯马尾刺工为冠者，则用柳条软针。分别之妙，在于水火健法云。

针 针为谁人所发明，据明徐炬辑《古今事物原始》：“《内传》云，太昊制九针之始。”这是说得很渺茫的，大约始有衣裳，就有针为之缝纫罢！

又针亦有针神，此固为迷信之说，但也有个来历。据王嘉《拾遗记》云：

魏文帝美人薛夜来，妙于针工，虽处深帷重幄之内，不用灯蜡之光，裁制立成。非夜来缝制，帝则不服，宫中号曰针神。

此外现今云片刻难安，辄有“如坐针毡”之语，这也有个来历，如《晋书·杜锡传》云：

锡累迁太子中舍人，性亮直忠烈，屡谏愍怀太子，言辞恳切。太子患之，后置针著锡常所坐处毡中，刺之流血。他日，太子问锡：『向著何事？』锡对：『醉不知。』太子诘之曰：『君喜责人，何自作过也？』

剪刀的剪，本即前字，其旁刂即刀字，后以别于前后之前，于是又别作剪，其实剪则一字而有两刀了。

剪的意义，《说文》以为“齐断”，《释名》以为：“进也，所剪稍进前也。”据《事物原始》引《古史考》云：“铁器也，用以裁布帛，始于黄帝时。”其说自不可信，因为黄帝是在石器时代，哪里会用铁制剪刀呢？所以剪刀的发明，总要在用铁的时代。

剪刀虽不像针有针神，但却能成精，这当然又是迷信之说，如明刘玉《已疟编》云：

信州人袁著，夜经废宅，遇一黑面妇人，自称裂娘，堆双髻，衣红褐，佩两金环。正语间，忽不见，著疑惧，旋走退，宿于故知家。明日复至其所，但见污尘中积褐一堆，拨开得一剪刀，乃知昨所遇者，剪刀精也。

剪刀在古时以并州制者为最有名，现在则以杭州的张小泉所制，颇负盛誉。并州的剪刀，大诗人杜甫诗里便曾提到，因此后人引用很多。宋陈岩肖《庚溪诗话》云：

少陵诗，非特纪事，至于都邑所出，土地所生，物之有无贵贱，亦时见于吟咏。建炎己酉岁，车驾驻跸建康，毗陵钱申仲绅赴召命，仆亦以事至彼，与之同邸。申仲以能诗自负，常作诗话甚详。余偶用其剪纸刀，渠颇靳之，且曰：『此刀惟吾乡所造者颇佳，他处不及也。』余戏之曰：『仙乡剪刀虽佳，然不及太原也。』钱曰：『太原唯出铜器，未闻出剪刀也。』余曰：『君深于诗，而不知此耶？子美诗曰，焉得并州快剪刀，剪取吴淞半江水。吾岂妄言哉？』钱大笑，因而定交。

七 盌盆

Bowls and Basins

食器之中，今以盌（“碗”的异体字——编者注）为用最广。按：盌古亦作椀，今俗又作碗。盖盌古有用木制的，故字可从木，如《北齐书·卢叔武传》云：“但有粟飧葵菜，木椀盛之。”今则多以磁制成，故字又从石旁罢！

古时以盌为盂的小者，《说文》云：“盌，小盂也。”《方言》以为：“盂，宋楚魏之间或谓之盌，盌谓之盂。”则在其前盌盂往往难分，各地有各地的说法。盂据《说文》称为“饭器”，正与今同。惟古时亦作酒器，故饮酒往往以盌论，如《三国志·吴书·甘宁传》云：

曹公出濡须，宁为前部督，受敕出斫敌前营。孙权特赐米酒众殽，宁先以银盌酌酒，自饮两盌，乃酌与其都督，都督伏不肯时持。宁引白削置膝上，呵谓之曰：『卿见知于至尊，孰与甘宁？宁尚不惜死，卿独惜死乎？』都督即起拜，持酒通酌，兵各一银盌。至二更时，衔枚出斫敌，敌惊动，遂退，宁益贵重。

这是以盌作酒器之证。而当时用的是银盌，实为最普通的，并非像现在视为贵器。此外见诸于载籍的，《中华古今注》"魏武帝以马勒砗磲石为酒盌"，《世说新语》"王导举琉璃盌"，《晋书·周访传》"王敦遗访以玉盌"，《抱朴子》"外国作水精盌"，《洛阳伽蓝记》"元琛豪富，酒器有玛瑙琉璃盌"，《隋书·高祖本纪》"突厥遣使献七宝盌"，《唐摭言》"文宗赐王源中金盌"，然这些不过质料用得名贵而已，最神奇的则莫如玉精盌，据唐段成式《酉阳杂俎》云：

马侍中尝宝一玉精盌，夏蝇不近，盛水经月，不腐不耗，或目痛，含之立愈。尝匣于卧内，有小奴七八岁，偷弄坠破焉。时马出未归，左右惊惧，忽失小奴。马知之大怒，鞭左右数百，将杀小奴，三日寻之不获。有婢晨治地，见紫衣带垂于寝床下，视之乃小奴蹶张其床而负焉，不食三日，而力不衰。马睹之大骇曰：『破吾盌乃细过也？』即令左右擈杀之。

为了一盌而杀一人，马侍中固然太残酷了，但此盌竟使蝇不能近，水不能腐，且可愈目疾，实为一名贵的宝器，无怪马氏要出此手段以报复了。

盌的最早施用大约是在汉时，所以经书中绝没有盌字，但汉以前并非没有盌的，不过名称有异而已。如“簠”“簋”皆古的食器，簠形外方内圆，以盛加膳；簋形外圆内方，以盛常膳。又如“豆”，分三种：木豆谓之豆，竹豆谓之笾，瓦豆谓之登，都是古时的食肉器。其形状正如豆形，无耳无足。又如“敦”（音对），则有盖有耳，底则或方或圆，或有足或无足，其用亦以盛食。综合此数者，皆古所谓食器，据《博古图》所绘形状，颇与今日所谓西式洋盌相似，只是古制久已不存，所以今人知者已很稀了。

盌之外为盆，今亦为重要食器之一，盌深而盆浅，此其不同的地方。例外的如面盆花盆之类，虽名为盆，却深与盌同。盆的发明则较盌为早，《礼记·礼器》有：“奥者老妇之祭也，盛于盆。”注谓：“盛食于盆，卑贱之祭。”可知古虽有盆，而实贱之。

但古制的盆实与今制又不同。按：《说文》：“盆，盎也。”《尔雅》：“盎谓之缶。”疏云：“缶是瓦器，可以节乐，如今击瓯；又可以盛水盛酒，即今之瓦盆也。”又《急就篇注》：“缶即盎也，大腹而敛口。”此则以盆即盎，又以盎即缶，其形为大腹而敛口，正如现在的瓶状，所以可以盛水盛酒。若今的盆，除面盆花盆外，殆不能作盛水酒之用。是知古今已多变制。然古人所用面盆，实称为“盘”，如《礼记·内则》云：“适父母舅姑之所，进盥，少者奉盘，长者奉水请沃盥。”此盘即正所谓面盆。又称为“洗”，《仪礼·士冠礼》：“夙兴设洗。”注云：“洗，承盥洗者，弃水器也。”《博古图》以为盘洗实同，“盘以言其形，洗以言其用”。今除称“笔洗”犹称为洗外，余多不称为洗了。

至于盆可以节乐，著名的故事，就是庄子鼓盆而歌那回事了。《庄子·至乐篇》云：

庄子妻死，惠子吊之，庄子则方箕踞鼓盆而歌。惠子曰：『与人居长子老，身死不哭亦足矣，又鼓盆而歌，不亦甚乎？』庄子曰：『不然。是其始死也，我独何能无概然。察其始而本无生，非徒无生也而本无形，非徒无形也而本无气。杂乎芒芴之间，变而有气，气变而有形，形变而有生，今又变而之死，是相与为春秋冬夏四时行也。人且偃然寝于巨室，而我噭噭然随而哭之，自以为不通乎命，故止也。』

今以丧妻谓“鼓盆”，即本于此。

八 杯盘

Mugs and Plates

今以碗小者曰杯，如茶杯酒杯。盆大者曰盘，如果盘茶盘。杯本作桮，省作杯，俗又作盃。盘古亦作槃作鎜。大约其器最早用木所制，则字从木；后用铜锡制，则又从金；又以均为器皿，故又从皿罢！

杯在古时亦如现今，多为饮酒喝茶之用，故为饮器之最主要者。惟提起饮器，则古时名目殊多，不像现在统称为杯那样简单。如“尊”，《说文》以为：“酒器也，从酋，廾以奉之，或从寸。”尊本来有许多形状，大小也不一定，但后来常以酒杯称之为尊。又如“爵”，据《博古图·爵志说》云：

凡彝器有取于物者小，而在礼实大，其为器也至微，而其所以设施也至广，若爵之为器是也。盖爵于饮器为特小，然主饮必自爵始，故曰在礼实大。爵于彝器是为至微，然而礼天地，交鬼神，和宾客，以至冠婚丧祭，朝聘乡射，无所不用，则其为设施也至广矣。考之前世，凡觞一升曰爵，二升曰觚，三升曰觯，四升曰角，五升曰散。则爵之所取者小，又其为器至微也信然。然周鉴前古礼文大成，而特以爵名其一代之器，则岂不有谓。盖以在夏曰琖，在商曰斝，在周曰爵。名虽殊而用则一，则其取象各具一妙理耳，故其形制大抵皆近似之。戋从戈，故三足象戈；斝戒喧，故二口作喧；爵则又取其雀之象，盖爵之字通于雀，雀小者之道，下顺而上逆也，俛而啄，仰而四顾，其虑患也深。今考诸爵，前若噣，后若尾足修而锐，形若戈然，两柱为耳。及求之《礼图》，则刻木作雀形，背负戋，无复古制，是皆汉儒臆说之学也。

从这一段文字里面，使我们知道古之饮器实多。今祭器犹有爵，多用铜所制。琖今作盏，古以玉饰之，故字从玉。此外又有“卮”与“觥”。卮多为玉所制，所谓金盏玉卮，古以为贵重的饮器。觥则现在语文中所说的“觥筹交错”，亦指为饮器之一，其实早无此器了，只作为酒杯的代词而已。按：觥之为器，诚如唐孔颖达疏《诗·卷耳》“我姑酌彼兕觥”所云：

兕似牛一角，青色，重千斤。以其言兕，必用兕角为之。觥，角爵。《韩诗》说：『一升曰爵，爵尽也，足也；二升曰觚，觚寡也，饮当寡少；三升曰觯，觯适也，饮当自适也；四升曰角，角触也，不能自适触罪过也；五升曰散，散讪也，饮不自节为人谤讪；总名曰爵，其实曰觞，觞者饷也。』《毛诗》说觥大七升。许慎谨案，觥罚有过，一饮而尽七升为过多。由此言之，则觥是觚觯角散之外，别有此器。故《礼器》曰：『宗庙之祭，贵者献以爵，贱者献以散；尊者举觯，卑者举角。』特牲二爵二觚四觯一角一散。不言觥之所用，是正礼无觥，不在五爵之例。《礼图》云：『觥大七升，以兕角为之。』先师云：『刻木为之，形如兕角。』盖无兕者，用木也。

由此可知觥实酒器之最大者。又《诗经·七月》有:“跻彼公堂,称彼兕觥,万寿无疆。”故今人称举觥,又含有颂祝之意。

以上皆为古时饮器的名称,可知大小不一,名目殊繁,今惟称杯称盏,而盏则似又较杯为小者之称。杯在上古殊乏其称。经书中仅《礼记·玉藻》中有:“母没而杯圈不能饮焉,口泽之气存焉尔。”秦汉以后,杯称始多。而汉人有用白杯的,故后人饮酒,辄有“浮一大白”之说;或云白指白波。宋黄朝英《靖康缃素杂记》云:

宋景文公诗云：『镂管喜传吟处笔，白波催卷醉时杯。』读此诗不晓白波事。及观《资暇录》云：『饮酒之卷白波，盖起于东汉既擒白波贼，戮之如卷席然，故酒席仿之，以快人情气也。疑出于此。』余恐其不然。盖白者罚爵之名，饮有不尽者，则以此爵罚之，故班固《叙传》云：『诸侍中皆饮满举白。』左太冲《吴都赋》云：『飞觞举白。』注云：『行觞疾如飞也，大白，杯名。』又魏文侯与大夫饮酒，令曰：『不釂者浮以大白。』于是公乘不仁举白浮君。所谓卷白波者，盖卷白上之酒波耳，言其饮酒之快也，故景文公以白波对镂管者，诚有谓焉。按：《汉书》，黄巾余党后起西河白波谷，号曰白波贼，众十余万。

按：魏文侯之说，始见于汉刘向的《说苑》，是周时已有此称，不知确否？

杯在古时或用木制，或用玉制，后则又用磁制，种类自然很多。此外也有异想天开的，如唐段公路《北户录》云：

红虾出潮州、潘州、南巴县，大者长二尺，土人多理为杯。王子年《拾遗》云：『大虾长一尺，须可为簪。』《洞冥记》载『虾须杖』，兼《名苑》云：『广州献虾头杯，简文将盛酒，无故自跃，乃不复用。』愚又按《毛诗义疏》，其大者有一尺六七寸，今九真交趾以为杯盘，实奇物也。

这可说是“虾杯”。又如宋范成大《桂海虞衡志》云：

青螺状如田螺，其大两拳，揩磨去粗皮，如翡翠色，雕琢为酒杯。鹦鹉螺如蜗牛壳，磨治出精采，亦雕琢为酒杯。

这可说是“螺杯”。另据明顾岎《海槎馀录》云:“鹦鹉杯即海螺产于文昌海面,头淡青色,身白色,周遭间赤色数棱。好事者用金镶饰,凡头颈足翅俱备,置之几案,亦异当耳。”按:元伊世珍《琅環记》云:“金母召群仙宴于赤水,命谢长珠鼓拂云之琴,舞惊波之曲,坐有碧金鹦鹉杯,白玉鸬鹚杓,杯干则杓自挹,欲饮则杯自举。故太白诗云,鸬鹚杓,鹦鹉杯,非指广南海螺杯杓也。”则未免是神仙之语,不足为信。又如宋傅肱《蟹谱》云:

其斗之大者(匡一名斗),渔人或用以酾酒,谓之蟹杯,亦诃陵云螺之流也。

这是“蟹杯”。按:《觥记注》云:“蟹杯以金银为之,饮不得其法,则双螯钳其唇,必尽乃脱,其制甚巧。”乃并非真蟹所制,是象作蟹形,且螯能钳唇,确可谓神技极了。而最奇特的,则为“金莲杯”,即以女人的鞋为杯也,如元陶宗仪《南村辍耕录》云:

杨铁崖耽好声色，每于筵间，见歌儿舞女，有缠足纤小者，则脱其鞋，载盏以行酒，谓之『金莲杯』。予窃怪其可厌，后读张邦基《墨庄漫录》载王深辅道《双凫诗》云：『时时行地罗裙掩，双手更擎春潋滟。傍人都道不须辞，尽做十分能几点。春柔浅醮蒲萄暖，和笑劝人教引满。洛尘忽浥不胜娇，刬踏金莲行款款。』观此诗，则老子之疏狂有自来矣。

杯可说者就止于此。至于像现在的玻璃杯，按：《觥记注》云："唐武德二年西域献玻璃杯。"似至唐时方有的。但古时称玻璃亦为琉璃，则琉璃杯汉时也已有了。

现在要说到盘了。盘在古时有两种用处，一以盛物，如今的果盘；一以盛水，如今的面盆。所以如现今的浴盆，古亦称为澡盘。先言盛物，如《周礼·天官》："玉府若合诸侯，则共珠槃玉敦。"注谓："珠玉以为饰，古者以槃盛血，以敦盛食。"又如《礼记·内则》："适父母舅姑之所进盥，少者奉盘，长者奉水请沃盥。"即洗手之时，以盘盛水的。澡盘则《魏武上杂物疏》中曾云："御物有容五石铜澡盘。"可知汉时已有其物。此外以盘作他用的，如唐刘餗《隋唐嘉话》云：

隋高颎仆射，每以盘盛粉置于卧侧，思得一公事，辄书其上，至明则录以入朝行之。

以盘盛粉作书，诚可谓前所未闻。至盘之所制，大抵不外金玉珠宝。然亦有特别神妙的，如宋陶穀《清异录》云：

唐内库有一盘，色正黄，圜三尺，四周有物象。元和中偶用之，觉逐时物象变更，辰时花草间皆戏龙，转巳则为蛇，转午则成马矣，因号『十二时盘』，流传及朱梁犹在。

则不知用何物所制，使它能够转变如此了。

最后因盘而说到一个极骇人的故事，那或许是实有的。《耳目记》云：

隋末，深州诸葛昂性豪侠，渤海高瓒闻而造之，为设鸡豚而已。瓒小其用，明日大设屈昂，盘作酒碗行巡，自为金刚舞以送之。昂后日报设，先令妾行酒。妾无故笑，昂叱下。须臾，蒸此妾坐银盘，仍饰以脂粉，衣以锦绣。遂擘骰肉以啖。瓒诸人皆掩目，昂食之，尽饱而止。

这种真是奇闻，然也太无人道了。

九 匙箸

Spoons and Chopsticks

匙，《说文》云：“匕也。”匕音比，《说文》以为：“相与比叙也，亦所以用取饭。”按：古有匕而无匙，匕实如今的饭匙（音鳌），可以取饭，亦可以载肉。字亦作枇，《礼记·杂记》云：“枇以桑长三尺，或曰五尺。”注：“枇所以载牲体也。丧祭用桑，吉则用棘。”盖皆用木所制，而长竟至三尺或五尺，所以与今匙实不同。

今之匙形，实与古之勺形相似，惟容量亦大不相同，盖古勺普通可容一升，为饮器之一，如《考工记》云：“梓人为饮器，勺一升。”今称茶匙或为茶勺，盖即其形相似而通称的。

箸又作筯，古多以竹为之，故字从竹。古亦称为梜，如《礼记·曲礼》：“羹之有菜者用梜，其无菜者不用梜。”据注：“梜，箸也。”是或为木所制，故字从木。今人则又称筷，据明人《推篷寤语》云：

世有讳恶字而呼为美字者，如立箸讳滞，呼为快子，今因流传之久，至有士大夫间，亦呼箸为快子者，忘其始也。

此以箸音近滞，故反而称之。原呼快速之快，后来又索性加个竹头，真为箸的另一名称了。

今用饭除西式外，多用箸，匙不过取汤而已。然一按古制，则匙实用以取饭，《礼记·曲礼》有云："饭黍毋以箸。"注谓："贵其匕之便也。"所以用饭也用匙的。

又今人用饭，常于用毕拱箸致恭，以为敬礼。哪知明太祖却最讨厌此种俗套，如明徐祯卿《翦胜野闻》云：

翰林应奉唐肃，初以失朝，坐免官归乡里。太祖重其才，再召入。尝命侍膳，食讫拱箸致恭。帝问曰：『此何礼也？』肃对曰：『臣少习俗礼。』帝怒曰：『俗礼可施之天子乎？』罪坐不敬，谪戍濠州。

一〇 壶瓶

Pots and Vases

壶本为瓜名,《诗经·豳风·七月》所谓“八月断壶”,壶即今所谓葫芦,后以盛物之器,其形如壶,亦谓之壶。宋黄伯思《汉象形壶说》云:

按壶之象,如瓜壶之壶,《豳诗》所谓『八月断壶』,盖瓜壶也。上古之时,注尊而抔饮,蒉桴而土鼓,因壶以为壶。后世弥文,或陶或铸,皆取象焉,然形模大致近之,不必全体若真物也。

是的，今所见到古代的壶，不尽全像壶的，或圆或方，或高或扁，或有盖柄。但不论大小如何，总是口底较小，腹部特大，而略如壶状。此种壶器，多以盛酒。但现在普通所用的酒壶，必有柄有嘴，所以便于筛泻。此在古时，有柄的则称为卣（音酉），有嘴的则称为盉（音禾），然卣可盛酒，而盉则古以为调味器。此种名称，自汉以后，亦渐无闻，所以现在多通称为壶了。今壶不但盛酒，盛茶亦可。而茶壶所出，尤以宜兴为最著名，考其由来，则实始于明，清吴梅鼎《阳羡磁壶赋序》云：

六尊有壶，或方或圆，或大或小，方者腹圆，圆者腹方，范金琢玉，弥甚其侈；独阳羡以陶为之，有虞之遗意也。然粗而不精与窳等。余从祖拳石公读书南山，携一童子名供春，见土人以泥为缶，即澄其泥以为壶，极古秀可爱，世所谓『供春壶』是也。嗣是时子大彬师之，曲尽厥妙。数十年中，仲美仲芳之伦，用卿君用之属，接踵骋伎，而友泉徐子集大成焉。一瓷罂耳，价埒金玉，不几异乎？

按：宜兴即古阳羡，据云此种壶之可贵，不仅其式样美观，且盛茶能不失原味云。

此外有一种铜壶，盛汤可以取暖，俗称“汤婆子”。按：此物宋时已有，如清赵翼《陔馀丛考》云：

今人用铜锡器盛汤，置衾中煖脚，谓之『汤婆子』，或以对『竹夫人』。按：此名虽不经见，然东坡有致杨君素札云：『送暖脚铜缶一枚，每夜热汤注满，塞其口，仍以布单裹之，可以达旦不冷。』然则此物起于宋，其名当亦已有之。按：范石湖有《脚婆诗》，则是时并有脚婆之称也。

按：黄庭坚有《戏咏暖足瓶诗》，则当时又称为暖足瓶。明于谦有《咏汤婆》，自注一名暖足瓶，其名或始于明时的。

以上所说的壶，在现今看来都可叫做瓶。然古时壶尊而瓶卑，故王者不用瓶而用壶。《礼记·礼器》有云："奥者老妇之祭也，盛于盆，尊于瓶。"注："老妇先炊者也，盆瓶炊器也。老妇之祭其祭卑，惟盛食于盆，盛酒于瓶。"故经书言瓶之事甚少。其字从瓦，可知为瓦器而已，以壶由铜制者，亦显然有尊卑之分。惟至后世亦有铜为之，至唐则又用磁。明陈继儒《群碎录》云：

古无磁瓶，皆以铜为之，至唐始尚窑器，厥后有柴、汝、官、哥、定、龙泉、均州、章生、乌泥、宣城等窑，而品类多矣。尚古莫如铜器，窑则柴汝最贵，官、哥、宣、定为当今第一珍品，而龙泉、均州、章生、乌泥、成化等瓶，亦以次见重矣。

按：以上诸窑，除成化外，皆始于宋时。唐时惟有越窑为最著名。宋叶寘《垣斋笔衡》说之很详：

陶器自舜时便有。三代迄于秦汉，所谓甓器是也。今土中得者，其质浑厚，不务色泽。末俗尚靡，不贵金玉，而贵铜磁，遂有秘色窑器，世言钱氏有国日，越州烧进，不得臣庶用，故云『秘色』。陆龟蒙诗：『九秋风露越窑开，夺得千峰翠色来。好向中宵盛沆瀣，共嵇中散斗遗杯。』乃知唐世已有，非始于钱氏。本朝以定州白磁器有芒不堪用，遂命汝州造青窑器，故河北唐邓耀州悉有之，汝窑为魁。江南则处州龙泉县窑，质颇粗厚。政和间，京师自置窑烧造，名曰官窑。中兴渡江，有邵成章提举后苑，号邵局，袭故京遗制，置窑于修内司造青器，名内窑。澄泥为范，极其精致，油色莹彻，为世所珍。后郊坛下别立新窑，比旧窑大不侔矣。余如乌泥窑，余杭窑，续窑，皆非官窑比。若谓旧越窑，不复见矣。

至于柴窑或传为柴世宗(即周世宗姓柴)所烧造，所司请其色，御批云："雨过天青云破处，这般颜色做将来。"今磁器的雨过天青色者，皆仿柴窑；或传制器者姓柴，故名。章生据明陆深《春风堂随笔》云："宋时有章生一生二兄弟，皆处州人，主龙泉之琉田窑。生二所陶青器，纯粹如美玉，为世所贵，即官窑之类；生一所陶者色淡，故名哥窑。"则实为哥窑的别称。然今说磁器，多称景德镇。按：其地宋时本已有窑，犹未著名，后却被毁。宋周煇《清波杂志》云：

饶州景德镇，陶器所自出。于大观间，窑变色，红如朱砂，谓荧惑躔度临照而然，物反常为妖，窑户亟碎之。

至明时乃重加复兴，遂大著名，以迄于今时，明王世懋《窥天外乘》云：

宋时窑器以汝州为第一，而京师自置官窑次之。我朝则专设于浮梁县之景德镇。永乐、宣德间，内府烧造，迄今为贵。其时以鬃眼甜白为常，以苏麻离青为饰，以鲜红为宝。至成化间，所烧尚五色炫烂，然而回青未有也。回青者，出外国，正德间，大珰镇云南，得之，以炼石为伪宝，其价，初倍黄金，已知其可烧窑器，用之果佳，嗣是阖镇用之。

二 甑镬

Rice Steamers and Woks

甑镬为今厨房中所用最重要的器物。古亦如此，宋刘恕《通鉴外纪》所谓："黄帝作甑，而民始饭。黄帝作釜灶，而民始粥。"甑字从瓦，故为瓦器；釜即今所谓镬，字从金旁，故为金属所制。

甑在古时亦以炊饭，故如《考工记》所云："陶人甑实二鬴，厚半寸，唇寸，七穿。"据郑锷注云：

甑以蒸物。《尔雅》言甑谓之鬵。《诗》所谓『溉之釜鬵』者，亦甑之名也。其厚其唇，制作皆与甗同，其实亦无多寡之异。所以异者，甑有底，而其底有七孔耳。

底有七孔，则与现在所谓瓦器的甑，实不相同。现在的甑，只可盛肴，没有再作蒸物用的。其形如缸，不过较缸为小。按：缸古作瓨，《说文》云："似罂长颈，受十升。"亦与今不同。盖现在的甑缸，都是大口小底，无颈可言。可知古今异制，其间又经过许多的变革了。或者古无是物，今无是称，遂以古称今物，所以有此歧异罢！

至于甗（音彦），《考工记》中亦谓："实二鬴，厚半寸，唇寸。"只是与甑相较，没有底罢了。据《博古图》云：

甗之为器，上若甑而足以炊物，下若鬲而足以任物，盖兼二器而有之。或三足而圜，或四足而方。

则甗所谓无底者，其实却有足，不过合甑鬲两物为一而已。但也有无足的，如汉的偃耳甗，据《博古图》所绘形状看来，颇如现在所谓锅。按：锅据《说文》说是“车缸”，即车毂中的铁，实无作炊物的解释。惟汉扬雄《方言》曾说“自关而西，盛膏者乃谓之锅”，则古时确也有称盛膏器为锅的。今则殆与镬并称，其用度亦相似，不过形制略异而已。明张自烈《正字通》云“俗谓釜为锅”，或者明人已有此种称法了。

镬则通常又称为釜。按：釜本作鬴，古多作为量器名，如《周礼·地官·廪人》：“凡万民之食食者，人四鬴，上也；人三鬴，中也；人二鬴，下也。”据注：“六斗四升曰鬴。”大约其物如鬲而无足，亦可以炊物，故后人遂称镬亦为釜。《诗·采蘋》所谓：“于以湘之，维锜及釜。”《传》谓：“湘亨也，锜釜属，有足曰锜，无足曰釜。”亨与烹通。但经书中称烹物的还多是镬。如《周礼·天官》：“亨人掌共鼎镬，以给水火之齐。”郑玄注云：“镬所以煮肉及鱼腊之器，既熟乃脀于鼎。”又如《仪礼·少牢》：

"雍人陈鼎五，三鼎在羊镬之西，二鼎在豕镬之西。"

说到镬，就要说到鼎，如上所引，鼎镬常多并称。鼎，诚如《说文》所云："三足两耳，和五味之彝器也。"彝器只是一种常用的器具，自后世重视鼎后，于是鼎遂变而为宝物，不再与镬并列。《周易正义》所谓："鼎者，器之名也。自火化之后铸金，而为此器，以供烹饪之用，谓之为鼎。然则鼎之为器，且有二义：一有烹饪之用，一有物象之法。"以其有象物之法，自不必再作烹饪之用了。

推鼎之所以被后人重视如此者，实由于传说中黄帝曾铸神鼎而禹亦铸九鼎，皆有奇异的说法，如孙氏《瑞应图》云：

神鼎者，质文之精也，知吉凶存亡，能轻能重，能息能行，不灼而沸，不汲自盈，中生五味。昔黄帝作鼎象太乙；禹治水收天下美铜，以为九鼎，象九州。王者兴则出，衰则去。

这真是荒诞之说，然而古时确信以为真，《汉书·郊祀志》中也说：

闻昔泰帝兴神鼎一，一者一统，天地万物所系象也。黄帝作宝鼎三，象天地人。禹收九牧之金，铸九鼎，象九州。……夏德衰，鼎迁于殷；殷德衰，鼎迁于周；周德衰，鼎迁于秦；秦德衰，宋之社亡，鼎乃沦伏而不见。

但后来在汉武帝元鼎元年，据说在汾阴又得到那宝鼎了。宝鼎既有关盛衰，得鼎便也如得了天下，王者遂视为祥瑞的符征，即使没有，也要伪造以装场面，因此其他的鼎，身价也为之增高了。然其实这种宝鼎，诚如宋洪迈所说，未必是实有的。他在《容斋三笔》里说：

夏禹铸九鼎，唯见于《左传》王孙满对楚子，及灵王欲求鼎之言。其后《史记》乃有鼎震及沦入于泗水之说。且以秦之强暴，视衰周如几上肉，何所畏而不取？周亦何辞以却？赧王之亡，尽以宝器入秦，而独遗此。以神器如是之重，决无沦没之理。泗水不在周境内，使何人般舁而往，宁无一人知之以告秦耶？始皇使人没水求之不获，盖亦为传闻所误。《三礼》经所载钟彝名数详矣，独未尝一及之；《诗》《易》所书，固亦可考。以予揣之，未必有是物也。

所以在汉以后，那种宝鼎也就无闻了。有之，则唐武后及宋徽宗都曾仿造过而已。武后的九鼎，那真是要吓坏人，据《续博物志》云：

唐则天于东都造明堂，高三百尺。九州鼎置明堂之下，当中豫州鼎，高一丈八尺，受一千八百石余。各依方面，高一丈四尺，受一千二百石。用铜五十六万七百一十二斤。

按：如汉武所得汾阴宝鼎，也不过受十二石，而此竟能受千八百石之多，那是要百倍大于古鼎了，真是鼎中未有的奇观。至于普通的鼎，不过一二尺或数寸高而已。

鼎在古时也未必全是圆形三足的，也有方形四足，不过较少罢了。初时或仅为烹饪之器，但后来也用之于饮食，即在现今，还有这样的食器。不过古时还有一种鬲的，似鼎而略不同，这倒还是用作炊器的。《博古图》有云：

《周官》陶人之职，所司之物，而鬲居其一。夫鬲與鼎致用则同，然祀天地礼鬼神交宾客修异馔必以鼎；至于常饪则以鬲。是以语夫食之盛，则必曰鼎盛，语夫事之革，则必曰鼎新。而鬲则特言其器而无义焉。《尔雅》以『鼎款足者谓之鬲』。《汉志》谓：『空足曰鬲，以象三德。』盖自腹所容，通于三鬲，其制取夫爨火，则气由是而易以通也。

盖鬲与鼎所不同者，即在足一部分。鼎足不与上通，盖鼎后来不必用于烹饪的了。鬲则足中空而与上通，所以仍可烹饪的。不过现在已没有像这样的烹饪器，惟一的是用镬了。

二一·灯烛

Lamps and Candles

至于后世，则灯的花样日多，尤其自唐以后，有上元张灯之事，于是灯制更为奇巧，名目不一。

云始于夏时，极不可信。惟南朝宋武帝微时，曾用葛灯笼，见《宋书·高祖本纪》，是知已有灯笼了，用葛所制，但是否携之而行，犹不可知。不过既有了灯，自可携行，也许汉时已有了的。又《田家五行》云：

> 灯花不可剔去，至一更不谢，明日有吉事；半夜不谢，主有连绵喜庆之事，或有远亲信物至。谚云：『灯花今夜开，明朝喜事来。』久阴天息灯，灯煤如炭红，良久不过，明日喜晴。谚云：『火留星，必定晴。』久晴后火煤便灭，主喜雨。

这当然是迷信之谈，但现在还有许多人这样说的。

至于烛，像现在所用的蜡烛，恐怕也至汉时方有的，《西京杂记》云：“寒食禁火日，赐侯家蜡烛。”此以前所谓烛者，恐都是火炬之类。《礼记》注有云：“古者未有蜡烛，唯呼火炬为烛。”

烛

像现在所用的蜡烛，恐怕也至汉时方有的，《西京杂记》云："寒食禁火日，赐侯家蜡烛。"此以前所谓烛者，恐都是火炬之类。

烛在唐时有极讲究的，据《同昌公主外传》云：

公主始有疾，召术士米宾为禳法，乃以香蜡烛遗之。米氏之邻人觉香气异常，或诣门诘其故，宾具以事对。出其烛方二寸，长尺余，其上施五彩。爇之，竟夕不尽，郁烈之气可闻于百步余，烟出其上，即成楼阁台殿之状；或云，烛中有蜃脂也。

其后宋宫中所用宫烛，即用此法制成的，但不知现在还有此种佳烛否？又宋陶穀《清异录》云：

同昌公主薨，帝伤悼不已，以仙音烛赐安国寺，冀追冥福。其状为高层露台，杂宝为之，花鸟皆玲珑。台上安烛，既燃点，则玲珑者皆动，丁当清妙，烛尽响绝。

这又是今所未闻的特别烛了。此外与灯烛有关，用以取火的，今皆用火柴，古则用火绒，以为火柴来自外洋，故俗又称“洋火”。但不知我国在五代时已有此物，如元陶宗仪《南村辍耕录》云：

杭人削松木为小片，其薄如纸，镕硫黄涂木片顶分许，名曰发烛，又曰焠儿，盖发火及代灯烛用也。史载周建德六年，齐后妃者，贫以发烛为业，岂即杭人之所制与？《清异录》云：『夜有急，苦于作灯之缓，有知者批杉条染硫黄，置之待用。一与火遇得焰穗然，既神之，呼引光奴。今遂有货者，易名火寸。』按此则焠寸声相近，字之讹也，然引光奴之名为新。

此引光奴非即火柴吗？但不知当时又为何人所发明的。

一三 几案

Tables

专心其志

几案原是同属的器具,《说文》所谓:“案,几属也。”今除“茶几”仍称为几外,余则多称桌称樓,称几称案已很少了。按:古时的几案,实不若今制的高。桌字原为卓字,高的意思,元曲中正多写作“卓”字,而古无桌字。樓或简作枱,然樓原为木名,枱则《说文》称为“耒端木”,《博雅》释作“柄也”。今以几案为樓,可知也是后来所改称的。大约称樓乃由臺字而来,臺的建筑较高,《说文》所谓“观四方而高者”为臺。后人使彼此画分起见,乃又借樓字以应用罢,实则最初也无此种称谓的。

按:古几之制,据《周礼·春官》有五几之别,郑玄以为:“五几:左、右、玉雕、彤漆、素。”至其大小高下如何,据《三礼图》云:

阮谌《图》:『几长五尺,高尺二寸,广二尺,两端赤,中央黑漆。』马融以为:『长三尺。』案:『司几筵掌五几,左、右、玉雕、彤漆、素。』详五几之名,是无两端赤中央黑漆矣,盖取彤漆类而髹之也。王皆立不坐,设左右几者,优至尊也。几左者王凭之,右者神所依。

几案

几案原是同属的器具,《说文》所谓:“案,几属也。”今除“茶几”仍称为几外,余则多称桌称檯,称几称案已很少了。按:古时的几案,实不若今制的高。

是古时的几，不能人人皆得用之，原为优礼至尊而设，其形制颇似今炕床的几，长方而低，不若今称茶几的高了。至于几的用处，无非凭依而已。故古人文字中，颇多“隐几”之语，隐亦凭的意思。

至于案，则《考工记》中有：“玉人案十有二寸，枣栗十有二列。”郑锷注云：“以玉饰案，其广十有二寸。每案以枣栗为列，十二案故十二列。案饰以玉，所以明凭恃以为安者在德也。”是案亦为凭恃之用，而饰之以玉，制之以枣栗的木类。

这种几案，都是轻巧得很，所以如《左传》襄公十年所载：“晋伐偪阳，荀偃士匄请班师，智伯怒，投之以几，出于其间。”以几可投，则几当是很轻巧的。所以古人称几案，多以枚计，如《魏武上杂物疏》，有“几大小各一枚，书案一枚”之语。又东汉梁鸿妻孟光，有“举案齐眉”之说。一说案即案也，以其轻巧，故可举至齐眉；一说以案为盘，下有足，非几案的案，则不知果以何者为是。

几案是古称，桌檯乃今称，然则桌檯究竟何时有此称谓呢？我以为最早当在六朝时，而至唐宋始见盛行。盖古人皆席地而坐，故几案不必过高，自六朝有凳椅之后，则几案自非加高不可，于是又别称为桌檯罢，而桌又较近古，檯则似出于后世。据宋黄朝英《靖康缃素杂记》云：

今人用卓字，多从木旁，殊无义理。字书从木从卓，乃棹字，直教切，所谓棹船为郎是也。卓之字虽不经见，以鄙意测之，盖卓之在前者为卓，此言近之矣。何以明之？《论语》曰：『如有所立卓尔。』说者谓圣人之道，如有所立，卓然在前也。由是知卓之在前者为卓，故《杨文公谈苑》云：『咸平景德中，主家造檀香倚卓一副。』未尝用棹字。始知前辈何尝谬用一字也。

是桌在宋时已很通称。惟以桌为在前之意，则不如解高来得明晰。按：桌初作卓，后作棹，至明方又作桌了，《正字通》所谓“俗呼几案为桌”，可知始于明人的。

橧则古时实无此称，勉强可以找到的，为宋陆游《老学庵笔记》中所说：“今犹有高镜台，盖施床则与人面适平也。”此“高镜台”颇如现在有镜的梳妆台，然在他书中则很少见，故仍不能明其究竟。此外关于案几有个有趣的故事，附载于后。明徐祯卿《翦胜野闻》云：

太祖尝微行里市间，遇国子监监生某者入酒坊，帝揖而问之曰：『先生亦过酒家饮乎？』对曰：『旅次草草，聊寄食尔。』帝因与之入。时坐客满案，惟供司土神几尚余空，帝携之在地曰：『神姑让我坐。』乃与生对席，问其乡里，对曰：『四川重庆府人也。』帝因属词曰：『千里为重，重水重山重庆府。』生应声曰：『一人成大，大邦大国大明君。』又举婴几小木命生赋诗，因喻己意。其诗曰：『寸木元从斧削成，每于低处立功名。他时若得台端用，要与人间治不平。』帝私喜，因探钱偿酒家，相别而去，不知其为帝也。明日，忽移名召生入谒，生茫然自失。及既至，帝笑曰：『秀才忆昨与天子对席乎？』生惶惧谢罪。又曰：『汝欲登台端乎？』遂命除为按察使。金陵民家，至今供司土神于地，本此。

一四 凳椅

Chairs

古人席地而坐，无凳椅可言。惟床则高，故凳椅实由床转变而来。宋吴曾《能改斋漫录》云：

床凳之凳，晋已有此器。《世说》：『顾和与时贤共清言，张元之顾敷是中外孙，年七岁，在床边戏，于时闻语，神情如不相属，瞑于镫下。』乃作此镫字。今《广韵》以镫为鞍镫之镫，岂古多借字耶？凳，《广韵》云出《字林》，殆后人所撰耳。《广韵》别出一橙字，注云『几橙』，其义亦通。

则凳实始于晋，而字犹未定写，今橙专作为果名，字作凳或作櫈了。又晋陈寿《益都耆旧传》亦云："张充为州治中从事刺史，每日坐高床，为从事设单席于地。"此高床实即凳之类，而后乃专名为凳的，益可知凳实由床转变而来。盖席地之制既废，不得不有高坐，而床本可高坐，故即借床而改变之，这是凳的由来罢！

至于椅，古本以为木名，即梓，后乃以有倚背的凳为椅。宋黄朝英《靖康缃素杂记》云：

今人用倚字，多从木旁，殊无义理。字书从木从奇，于宜切，《诗》曰『其桐其椅』是也。倚之字虽不经见，以鄙意测之，盖人所倚者为倚，此言近之矣。何以明之？《淇澳》曰：『猗重较兮。』《新义》谓：『猗，倚也。重较者，所以慎固也。』由是知人所倚者为倚。

可知椅名之由来，本即作倚靠的倚，后则以其木制，故又借用椅字。至其制亦由床而来，如宋张端义《贵耳集》所云：

今之校椅，古之胡床也。自来只有栲栳样，宰执侍从皆用之。因秦师垣在国忌所偃仰，片时坠巾，京尹吴渊奉承时相，出意撰置荷叶托首四十柄，载赴国忌所，遗匠者顷刻添上，凡宰执侍从皆有之，遂号『太师样』。今诸郡守倅，必坐银校椅，此藩镇所用之物，今改为太师样，非古制也。

凳椅

盖校椅本来只有后面一背，即今俗称单背椅是。后则两边又有靠手，即今俗称太师椅是，可知原来还始于吴渊的，而得名则由于秦桧，因为他那时已尊为太师。

盖校椅本来只有后面一背，即今俗称单背椅是。后则两边又有靠手，即今俗称太师椅是，可知原来还始于吴渊的，而得名则由于秦桧，因为他那时已尊为太师。然以胡床而改变为坐椅，究竟始于何人？据宋陶穀《清异录》云，则似始于唐明皇。其说云：

胡床施转关以交足，穿便绦以容坐，转缩须臾，重不数斤。相传明皇行幸频多，从臣或侍诏野顿，扈驾登山，不能跂立，欲息则无以寄身，遂创意如此，当时称『逍遥座』。

一五 厨箱

Cabinets and Chests

厨俗作橱，本为庖室之称，所以贮食物的，后遂借以为贮物的器名，不论食物，凡贮书衣等物，亦可称厨。今字又加木旁，大约示与原来的厨有所分别罢！此橱字旧时字书皆未载及，可知还起于新近的。宋沈括《梦溪补笔谈》云：

大夫七十而有阁。天子之阁，左达五，右达五。阁者，板格以庋膳羞者，正是今之立馈。今吴人谓立馈为厨者，原起于此，以其贮食物也，故谓之厨。

此即用厨贮物的由来了。按:《晋东宫旧事》云:“皇太子初拜,有柏书厨一,梓书厨一。”又《南齐书·陆澄传》云:“澄当世称为硕学,王俭戏之曰,陆公书厨也。”此即书厨名称之由来,可知晋时已有的。此外如《南史·徐广传》云:

广撰《晋纪》四十二卷。时有高平郗绍，亦作《晋中兴书》，数以示何法盛，法盛有意图之，谓绍曰：『卿名位贵达，不复俟此延誉。我寒士无闻于时，如袁宏干宝之徒，赖有著述，流声于后，宜以为惠。』绍不与，至书成，在斋内厨中。法盛诣绍，绍不在，直入窃书。绍还失之，无复兼本，于是遂行何书。

此以文稿贮于厨中，亦与书厨相类。今厨中尚有抽屉，此在古时亦有，如宋周密《癸辛杂识》云：

余尝闻李双溪献可云，昔李仁甫为《长编》，作木厨十枚。每厨作抽替匣二十枚，每替以甲子志之。凡本年之事，有所闻，必归此匣，分月日先后次第之，井然有条，真可为法也。

抽替即今作抽屉。一厨有二十匣之多，颇如现在的文书厨。很便分类贮藏的。

与厨同为贮物用的则有箱。箱字从竹，故原为竹器，后则亦用木，又外包以皮，称为皮箱。五代王定保《唐摭言》曾云："郑光业有一巨皮箱，凡投贽有可嗤者，即投其中，号曰苦海。"可知唐时已有其物。明高濂《遵生八笺》中有"衣匣"言其制云：

以皮护杉木为之，高五六寸，盖底不用板幔，惟布里皮面，软而可举。长阔如毡包式，少长一二寸。携于春时，内装绵夹便服，以备风寒骤变。夏月装以夹衣，秋与春同，冬则绵服暖帽围项等件。

此颇如今的挈箧，可携挈而行，亦用皮制。他又举“备具匣”一种，内云：“以轻木为之，外加皮包，厚漆如拜匣，高七寸，阔八寸，长一尺四寸。中作一替，上浅下深，外用关锁以启闭，携之山游，亦似甚便。”这也如今的挈箧，较为讲究一些的。大抵箱大箧小，古今皆然。惟亦另有一种“巾箱”，则犹今的帽笼，亦小巧得很。按：今称书册较小的为巾箱本，又作袖珍本，盖源于南齐时衡阳王钧。《齐书》本传云：

钧常手自细书，写《五经》部为一卷，置于巾箱中，以备遗忘。侍读贺玠问曰：『殿下家自有坟素，何须蝇头细书，别藏巾箱中？』答曰：『巾箱中有《五经》，于检阅既易，且一更手写，则永不忘。』诸王闻而争效为巾箱《五经》，自此始也。

又古时别有柜椟，实亦厨箱之类，用以藏物。椟则后世称者较少，盖即与柜相同，《说文》所谓："匮，椟也，匣也。"匮即柜。椟最著名的故事，为《韩非子·外储说》中所载的"买椟还珠"，故事是这样的：

楚人有卖其珠于郑者，为木兰之柜，薰以桂椒，缀以珠玉，饰以玫瑰，辑以羽翠。郑人买其椟而还其珠。此可谓善卖椟矣，未可谓善鬻珠也。

柜则古来用得最多，大抵用木所作，可以藏书，亦可以贮物。

与箱相似的，古又有“笈”，后汉时最为盛行，凡从师吊友，卖卜藏书，皆负笈而行。《说文》作极，解为：“驴上负也。”大约此种箱类，便于负携。今称从师往往为“负笈从师”，盖当时指书箱为笈的。又有一种“笥”，亦为箱类，形方，可以藏衣，亦可以藏书，《书》云：“惟衣裳在笥。”《后汉书》云：“边孝先，五经笥。”此二箱类，到今已均无是称了。

一六 牀榻

Beds and Couches

牀（“床”的异体字——编者注）榻均可以卧人，但也大有分别，正如《释名》所云：“人所坐卧曰牀，牀装也，所以自装载也。长狭而卑曰榻，言其榻然近地也。”牀俗又作床。古时无凳椅，牀榻不但可卧，也可作坐用的，故《说文》又专解：“牀，安身之坐者。”如《史记·郦食其传》云：“郦生入谒沛公，公方踞牀使两女子洗足。”又如《汉书·朱买臣传》云：“买臣见张汤，坐牀上弗为礼。”又如《高士传》云：“管宁自越海反归，常坐一木榻上，积五十五年，未尝箕踞，榻上当膝皆穿。”皆为其明证。而最著名的，所谓“陈蕃留榻”，如《后汉书·徐稚传》云：

稚屡辟公府不起。时陈蕃为太守，以礼请署功曹，稚既谒而退。蕃在郡不接宾客，唯稚来特设一榻，去则县之。

牀榻

《释名》云："人所坐卧曰牀，牀装也，所以自装载也。长狭而卑曰榻，言其榻然近地也。"

此榻亦为供坐之用，非如今人请人睡卧。所谓"扫榻以待"，即用此故事的。又如《晋书·王羲之传》云：

太尉郗鉴，使人求女婿于王导，导令就东厢遍观诸子弟。使者归，谓鉴曰：『王氏诸少年并佳，然闻信至，咸自矜持；唯一人在东牀坦腹而食，独若不闻。』鉴曰：『此正佳婿也。』访之，乃羲之也，以女妻之。

"在东牀坦腹而食"，亦决是坐着而非卧着。至今称人之婿，谓之"东牀"，即本于此。

牀今除木制以外，又有铜制铁制，称之为铜牀铁牀。但古时则有极讲究的，如《世本》有“纣为玉牀”，《战国策》有“楚献象牀”，《汉武内传》有“武帝以珊瑚为牀”，《西京杂记》有“韩嫣以玳瑁为牀”，《唐六典》有“殿庭供设有金银行牀”，唐同昌公主则更穷极奢侈，传称她“制水晶火齐琉璃玳瑁等牀，悉支以金龟银螯”。

此外还有一种“胡牀”，实即后来座椅的前身。据宋欧阳修《诗话》云：“今之交牀，本自外国来，始名胡牀，隋以谶改名交牀，唐穆宗时又名绳牀。”其称为交者，乃以牀足彼此相交的缘故，梁庾肩吾有《咏胡牀应教》云：“传名乃外域，入用信中京。足敧形已正，文斜体自平。临堂对远客，命旅誓初征。何如淄馆下，淹留奉盛明。”足敧文斜，正示其相交之意。按：《风俗通》云：“灵帝好胡牀。”可知后汉时已有此牀。其后据胡牀而坐者很多，皆取其轻便可以搬移的缘故。

除胡牀外又有“炕牀”，今北方还多如是。据清顾炎武《日知录》云：

北人以土为牀，而空其下以发火，谓之炕。古书不载。《左传》：『宋寺人柳炽炭于位，将至则去之。』《新序》：『宛春谓卫灵公曰，君衣狐裘，坐熊席，陬隅有灶。』《汉书·苏武传》：『凿地为坎，置煴火。』是盖近之，而非炕也。《旧唐书·高丽传》：『冬月皆作长坑，下然煴火以取煖。』此即今之土炕也，但作坑字。

是炕牀渊源实古，其名称或始于唐的。又清高佑釲《蓟邸杂抄》云：

燕地苦寒，寝者不以牀以炕。室无东西南北，炕必近前荣。贫家一廛，衾枕之外即街巷。妇人安坐炕上，市贩者至，汤饼肴蔌，传食于窗牖中，或竟日不作庖厨之炊也。

床榻

牀今除木制以外，又有铜制铁制，称之为铜牀铁牀。但古时则有极讲究的，如《世本》有“纣为玉牀”，《战国策》有“楚献象牀”……

是北方贫家，竟以炕为惟一的坐卧具，比牀椅还来得重要。但炕虽可取暖，用不得法，也足有害。所以清阮葵生《茶馀客话》就说："京师火炕烧石炭，往往薰人中毒，多至死者。"这正如南方之用煤（即石炭）炉取暖，有时也要中毒的。

北方除炕牀外，还有冰牀，则虽名为牀，与牀意大相径庭，不过取其形似而已。早在明时已有之，如明刘侗《帝京景物略》云：

冬水坚冻，一人挽木小兜，驱如衢，曰『冰牀』。雪后集十余牀，罏分尊合，月在雪，雪在冰，西湖春，秦淮夏，洞庭秋，东南人自谢未曾有也。

至清时则极盛行,如无名氏《燕京杂记》云:

东西二濠,冬月冰结,设木榻渡人,谓之冰牀。牀上可坐数人,一人挽之,疾于车马。有好事者,联属数牀,置酒其上,东西往来,如泛银湖,又如晶宫,亦一韵事也。

然亦称为:“冰车,俗牀拖牀,一名凌牀,又名托牀,俗呼冰排子。其形方而长,如牀,可容三四人,高仅半尺余,上铺草帘,底嵌铁条,取其滑而利行也。”(《清稗类钞》)

一七 枕席

Pillows and Mats

枕,《说文》云:“卧所荐首者也。”《释名》以为:“枕检也,所以检项也。”其字从木,其初当为木制,今南方犹多如此。惟普通则多外用绸布,内实以物。此所实的物,好坏不一。旧时有所谓药枕,据说可治一切风疾,且能浑身皆香,如明高濂《遵生八笺》所载:

药枕用五月五日七月七日取山林柏木,锯板作枕,长一尺三寸,高四寸,以柏木心赤者为之,盖厚四五分,工制精密,勿令走气,又可启闭。盖上钻如粟米大孔三行,行四十孔,凡一百二十孔。内实药物二十四品,以按二十四气。计用飞廉、薏苡仁、当归、川芎、款冬花、白芷、辛夷、白术、藁本、肉苁蓉、木兰、蜀椒、官桂、杜蘅、柏实、秦椒、干姜、防风、人参、桔梗、白薇、荆实、蘼芜、白蘅。外加毒者八味,以应八风,乌头、附子、藜芦、皂角、茵草、礬石、细辛、半夏。右总三十二物,各五钱,咬咀为末,和入枕匣装实,外用布囊缝好。枕过百日,面有光泽。一年体中风疾,一切皆愈,而且身香。四年发白变黑,齿落更生,耳目聪明。神方秘验。此方乃女廉以传玉青,玉青传于广成子,圣圣相传,不可轻忽,常以密袱包盖,勿令出气。

至于发白变黑，齿落更生定是妄谈，不足置信。此种药枕，也不知有何人试过。只见《神仙传》中说泰山老父，汉武帝时人，曾用此枕，寿至三百余岁，这当然也是神仙家语，无使人可信以为真的地方。至于古来对枕有极讲究的，也不过用琥珀、珊瑚、翡翠、水晶一类宝物作枕而已。但这些只取美观，枕来恐怕未见得如何舒适的。有几种却是奇异得很，如唐苏鹗《杜阳杂编》云：

元和八年，大轸国贡重明枕，枕长一尺二寸，高六寸，洁白逾于水精。中有楼台之状，四方有十道士，持香执简，循环无已，谓之行道真人。其楼台瓦木丹青，真人衣服簪帔，无不悉具。

倒像走马灯能自行动，可谓奇绝。又如《奇器录》云：

余尚书靖，庆历中如桂州，境穷僻处有林木，延袤数十里。每至月盈之夕，辄有笛声发于林中，甚清远。土人云：『闻之已数十年，终不详其何怪也。』公遣人寻之，见其声自一大柏木中出，乃伐取以为枕，笛声如期而发。公甚宝惜，凡数年。公之季弟欲穷其怪，命工解视之，但见木之文理，正如人月下吹笛之像，虽善画者不能及。重以胶合之，则不复有声矣。

则似真而又非，不知确有其事否？但如《客座新闻》所载，或者较为可能的：

偶武孟，吴之太仓人也，有诗名。尝为武冈州幕官，因凿渠得一瓦枕。枕之，闻其中鸣鼓起擂，一更至五更，鼓声次第更转不差，既闻鸡鸣亦至三唱；而晓抵暮复然。武孟以为鬼怪，令碎之，及见其中，设机局以应夜气，识者谓为：『诸葛武侯鸡鸣枕也。』

这种鸡鸣枕，在贪睡人枕来是极为苦事的；然而古来也颇有用枕以催醒的人，如《吴越备史》云："武肃王钱镠在军中，未尝安寝，用圆木作枕，睡熟则攲，由是得寤，名曰警枕，又号浙中不睡龙。"这方面固然简单，但如能用鸡鸣枕，对时间方面恐怕更加准确了。"睡龙"就是枕的别称。

除头枕以外，今人也有用脚枕的，那在古时倒还未见。至如《宋史·刘贵妃传》云："妃颇恃宠骄侈，尝因盛夏以水晶饰脚踏，帝见之，命取为枕，妃惧撤去之。"此脚踏恐非脚枕，是用以踏脚的。

席亦为卧具之一，夏令必须用它。但古时称坐垫亦为席，铺在地上亦为席。盖古时并无凳椅，坐卧在地，所以席可以卧，可以坐，又可以蹲，如《礼记·曲礼》云：

奉席如桥衡，请席何乡，请衽何趾。（注）如桥之高，如衡之平，乃奉席之仪也。设坐席则问面向何方，设卧席则问足向何方。

又如《礼记·玉藻》云:

浴出杅,履蒯席,连用汤,履蒲席,衣布晞身,乃屦。(注)杅,浴器也。履,践也。蒯席,蒯草之席也。履蒯席之上,而以汤洗其足垢,然后立于蒲席,而以布干洁其身。

这在现在应当称为地毯了,然古时亦为席。又如《周礼·天官》所云:

司几筵掌五几五席之名物,辨其用与其位。(注)五几:左、右、玉雕、彤漆、素;五席:莞、藻、次、蒲、熊。用位所设之席及其处。

几是靠倚用的,所以待尊者。席则就如现在地毯,铺在地上。但这里还有一种筵。筵亦席之类,先铺于下,席则加于其上,《礼记·礼器》所谓:“天子之席五重,诸侯之席三重,大夫再重。”这五重三重,便是席上复又加席。此种筵席,用之于朝觐,用之于祭祀,也用之于宴飨。后人便以宴飨的酒肴为筵席,这在修辞学上说来是借代辞,筵席只是坐处,并不是酒肴的。

至于像现在夏令专用卧具的席,今俗多写作蓆,以与席相分别。其实蓆的原意,如《尔雅》所说是“大也”,《说文》所说是“广多也”,并不真正作卧席解的,所以按理还应写作席字。《释名》所谓:“席,释也,可卷可释也。”现在的席,还正如此。

席的制料,也像《周礼》所说,现今有莞有蒲。莞草即今所谓席草,茎细而较坚,今苏甬的席,即用此草制成。蒲即香蒲,普通多用作蒲包,但也可作席,较为柔软,今所谓软席者是此外次席据注家称为虎皮的席,熊席就以熊皮为席,在现今都称为毯皮了,不在席的范围之内。

又今以竹为席，称篾席，较莞席为清凉。按：《书·顾命》中已有“篾席黼纯”之说，黼为白黑杂缯，纯为缘，即以白黑缯为席的边缘，可知由来已古了。亦称“簟”，《诗经·斯干》所谓：“下莞上簟，乃安斯寝。”是古人亦以簟较莞为上，故铺在上面罢。

又有一种薦，亦通作荐，今多以稻草或棕榈为之，称为草荐或棕荐。较席为粗，而铺于席下，实亦与席同类。按：荐本为草名，《说文》所谓“兽之所食草也”，不作席解。惟《礼记·礼器》有：“莞簟之安，而稾鞂之设。”《疏》云：“稾鞂，除穗粒，取秆稾为席，郊祭不用莞簟之可安，而用设稾鞂之粗席，亦修古也。”则稾鞂实后世所谓荐。《释名》所谓：“荐，所以自荐藉也。”是已有席的解释，不过较席为粗而已。所以明李时珍《本草纲目》云：“席荐皆以蒲及稻藁为之，有精粗之异。”

此外古时还有极精巧的席，如《西京杂记》说：“武帝以象牙为簟赐李夫人。”此为象牙席了。同书又云：

赵飞燕女弟居昭阳殿。……玉几玉床，白象牙簟，绿熊席。席毛长二尺余，人眠而拥毛自蔽，望之不能见，坐则没膝。其中杂熏诸香，一坐此席，余香百日不歇。

以绿熊为席，现在应当称毯，此毯可说珍贵极了。又如唐苏鹗《杜阳杂编》云：

上好神仙不死之术。……时有处士伊祁玄解，缜发童颜，气息香洁。……常游历青兖间，若与人欸曲语，话千百年事，皆如目击。上知其异人，遂令密召入宫，处九华之室，设紫茭之席。饮龙膏之酒。紫茭席色紫而类茭叶，光软香净，冬温夏凉。

席能使冬温夏凉，古来倒是不多见的。王嘉《拾遗记》虽云：“岱舆山有草名莽煌，叶圆如荷，去之十步，炙人衣则焦。刈之为席，方冬弥温。”这是小说家言，但也只闻冬温未知能否夏凉的。又明屠隆《考槃馀事》曾云：“茭苇出满喇加国，生于海之洲诸岸边，叶性柔软，乡人取之，织为细簟，冬月用之，愈觉温暖。”则颇与上述茭席相近，但也没有说到夏凉。至如明人《河东备录》所云：“取猪毛刷净，命工织以为席，滑而且凉，号曰壬癸席。”这在现今还未听见过，倒可一试究竟的。

同样为夏日所用凉具，古尚有“竹夫人”的，兹亦附说于此。清赵翼《陔馀丛考》云：

编竹为筒，空其中，而窍其外，暑时置床席间，可以憩手足，取其轻凉也，俗谓之『竹夫人』。按：陆龟蒙有《竹夹膝》诗，《天禄识馀》以为即此器也。然曰夹膝，则尚未有夫人之称。其名盖起于宋时。东坡诗云：『留我同行木上座，赠君无语竹夫人。』又：『闻道床头惟竹几，夫人应不解卿卿。』自注云：『世以竹几为竹夫人也。』又黄涪翁（庭坚）云：『赵子充示《竹夫人诗》，盖凉寝竹

器用杂物

器，憩臂休膝，似非夫人之职，予为名曰青奴。』陆放翁亦有诗云：『空床新聘竹夫人。』罗大经《鹤林玉露》亦载李公甫谒真西山丐题，西山指竹夫人为题曰：『蕲春县君祝氏可封卫国夫人。』公甫援笔立就，有云：『保抱携持，朕不忘五夜之寝；展转反侧，尔尚形四方之风。』西山击节。

则此物或古已有，而名称实始于宋的。

一八 箕帚

Dustpans and Brooms

此或为造酒之用，故其形亦略如簸箕。今普通厨下所用漉米的箕，殊无此状，上海人称为淘箩。按：《方言》有云"箕，陈魏宋楚之间谓之箩"，则箕固亦可称为箩的。最后所谓畚箕，则专收秽物，与帚相连为用，为室中扫地要具。《礼记·曲礼》中曾说到扫地的礼节应当是这样的：

> 凡为长者粪之礼，必加帚于箕上，以袂拘而退，其尘不及长者，以箕自乡而扱之。

这段文字，据注疏所云，是说在长者面前扫地，不可将箕对着长者，而帚加于箕中。扫时以衣袂拥帚的前面，边扫边退，使灰尘不及于长，否则便为不恭。又据《农政全书》所载，帚有两种：

> 帚，今作箒，又谓之篲。《集韵》云：『少康作箕帚。』有二：一则编草为之，洁除室内，制则扁短，谓之条帚；一则束篠为之，拥扫庭院，制则丛长，谓之扫帚。

按：条帚之条应作苕，盖为苕草所作，宋谢道人有《赋苕帚》诗，可以为证。又《晋书·庾衮传》云："衮兄女将嫁，衮乃刈荆苕为箕帚。"是苕确可为帚的。但除此以外，帚亦有极讲究，如宋张邦基《墨庄漫录》云：

孔雀毛著龙脑则相缀。禁中以翠尾作帚，每幸诸阁，掷龙脑以辟秽，过则以翠尾扫之，皆聚无有遗者。亦若磁石引针，琥珀拾芥，物类相感也。

这所说仅是度，诸说要以《汉志》最为可信，盖度之起，实由于律数，律数以黍计之，故度亦以黍计。此说本起于孔安国之传《尚书》，他说：“律者，候气之管，度量衡三者法制，皆出于律。”不过黍有大小之差，年有丰耗之异，因此历代为度，往往不能合一。就像《隋志》所载，自周以至于隋，有十五种的不同。而此十数种均较周制为增长。如周的一尺，至晋已长四分余，至隋又长至二寸。至唐即以十寸为尺，尺二寸为大尺，后且以大尺为尺，直废古制了。然尺度到后来还愈增其长，如明董穀《碧里杂存》云：

按：《家语》孔子云：『布手知尺，布指知寸，舒肱知寻。』盖用手拇指与中指一叉相距，谓之一尺。两臂引长，刚得八尺，谓之一寻。中指中节上一纹，谓之一寸。盖中指有二横纹，准上一纹也。后世营造尺，始准下纹，但不知始于何时。宋儒以为本于仁宗中指中节，恐未必然。若以古准今，每尺当今七寸七分耳。

可知古今异制，几乎差了三之一。到了现在，则古周尺等于今尺，不过六寸余而已。

此外分寸尺丈引名称所由来，《汉书·律历志》中也有说明，据云："分者，自三微而成著可分别也，寸者忖也，尺者蒦（音约）也，丈者张也，引者信（同伸）也。夫度者别于分，忖于寸，蒦于尺，张于丈，信于引。引者信天下也。"今则引已不用，而丈上有匹。按：《说文》："匹，四丈也。"盖四丈则八端，故从八从匚，象束帛之形，俗亦作疋。

至于量，《汉书·律历志》中也有说明，兹引载如下：

> 量者，龠合升斗斛也，所以量多少也。本起于黄钟之龠，用度数审其容，以子谷秬黍中者千有二百实其龠，以井水准其概，合龠为合，十合为升，十升为斗，十斗为斛，而五量嘉矣。龠者黄钟律之实也，跃微动气而生物也。合者合龠之量也，升者登合之量也，斗者聚升之量也，斛者角斗平多少之量也。夫量者跃于龠，合于合，登于升，聚于斗，角于斛也。

按：此独无石者，以石古时属于权衡，故未提及。今则龠已不用，斛亦少有，十斗改称为石。按：《隋书·食货志》云："晋自元帝寓居江左，历宋齐梁陈，其度量，计则三斗当今一斗，称则三两当今一两，尺则一尺二寸当今一尺。"是量制亦渐后渐为增大，至宋更增，如沈括《梦溪笔谈》云："秦汉以前，度量斗升，计六斗当今一斗七升九合。"又云："以一斛为一石，自汉已如此，饮酒一石不乱是也。"至宋时始改五斗为一斛，如《苇航纪谈》云："韩彦古时为户曹尚书，孝宗皇帝问曰，十石米有多寡？彦古对曰，万合千升百斗廿斛，遂称旨。"云十石为廿斛，这正如现在以两斛称一石的。

又古时的斗斛，均内方而外圆，至宋则变为上小而下大，如元长谷真逸《农田馀话》云：

今之官斛，规制起于宋相贾似道，前元至元间，中丞崔彧上言，其式口狭底广，出入之间，盈亏不甚相远，遂行于时，至今不改。

后人因此说贾虽为奸相，但此一改革，确是嘉惠小民不少的。可是到现在又变制了。

二〇 权衡

Weighing Tools

良知

衡权就是称，俗作秤，所以称物的重轻，与度量同为交易上重要的用具。衡即秤，权即锤，实为一物，故今多只称为衡。其由来诚如汉孔安国《尚书·虞书·舜典》“同律度量衡”传云：

权也，铢两斤钧石，所以称物而知轻重也。本起于黄钟之龠，一龠容千二百黍，重十二铢，两之为两，十六两为斤，三十斤为钧，四钧为石，而五权谨矣。权衡一物，衡平也，权重也，称上谓之衡，称锤谓之权，所从言之异耳。

盖权衡亦由律数而加以确定，正与度量同。惟奇怪的是度量皆以十进，而衡却不如此，这里当有它的特别原因。据《汉书·律历志》则云：

五权之制，以义立之，以物钧之，其余小大之差，以轻重为宜，圆而环之，令之肉倍好者，周旋无端，终而复始，无穷已也。『铢』者，物由忽微始，至于成著，可殊异也。『两』者，两黄钟律之重也。二十四铢而成两者，二十四气之象也。『斤』者，明也，三百八十四铢，《易》二篇之爻，阴阳变动之象也；十六两成斤者，四时乘四方之象也。『钧』者，均也，阳施其气，阴化其物，皆得其成就平均也；权与物均，重万一千五百二十铢当万物之象也；四百八十两者，六旬行八节之象也；三十斤成钧者，一月之象也。『石』者，大也，权之大者也；始于铢，两于两，明于斤，均于钧，终于石，物终石大也；四钧为石者，四时之象也；重百二十斤者，十二月之象也；终于十二辰而复于子，黄钟之象也；千九百二十两者，阴阳之数也；三百八十四爻五行之象也；四万六千八十铢者万一千五百二十物历四时之象也。而岁功成就，五权谨矣。

这是再说得详细也没有了，其所以要参差的原因，原来竟有这样玄奥的妙理。《汉志》又说到权衡上一切构造的原理，兹亦附载于后。

权与物钧而生衡，衡运生规，规圜生矩，矩方生绳，绳直生准，准正则平衡而钧权矣，是为五则。规者所以规圜器械令得其类也，矩者所以矩方器械令不失其形也，规矩相须，阴阳位序，圜方乃成。准者所以揆平取正也，绳者上下端直经纬四通也，准绳连体，衡权合德，百工由焉以定法式，辅弼执玉以翼天子。《诗》云：『尹氏大师，秉国之钧。四方是维，天子是毗，俾民不迷。』咸有五象，其义一也。

更是说得明晰极了。但那参差的单位，至宋终于把它改革了一些，惟斤与两间，到现在却还是如此。如清顾炎武《日知录》云：

度量皆以十起数，惟权则否。今人改铢为钱，而自两以上，则累百累千，以至于万，权之数亦以十起矣。汉制钱言铢，金言觔，其名近古。今日之以十分为钱，十钱为两，皆始于宋初，所谓新制者也。

顾氏又云："古算法二十四铢为两近代算家不便，乃十分其两，而有钱之名。此字本是借用钱币之钱，非数家之正名，簿领用之可耳，今人以入文字可笑。"又云："陶隐居《名医别录》曰，古称惟有铢两，而无分名，今则以十黍为一铢，六铢为一分，四分为一两，十六为一觔。李杲曰：六铢为一分，即今之二钱半也。此又以二钱半为分，则随人所命而无定名也。"可知自古至今，斤两上的名称又经过许多改变的。

又如上面所说斤两，古今名称虽同，而轻重实大相悬殊。如《隋书·律历志》中云："梁陈依古称，齐以古称一斤八两为一斤，开皇以古称三觔为一斤。"至宋沈括《梦溪笔谈》则云："秦汉以前三斤当今十三两。"顾炎武《日知录》又云："古以二十四铢为两，五铢钱十枚计重二两二铢，今称得十枚，当今之一两弱。"则古时一斤在后世不过数两，还不到三分之一而已。

二一 便器

Chamber Pots

关于便器，古书中说到的实在很少，谅以此为污秽之物，故大家不屑提及；实则此倒是日常事物中最需要的用器，真是一日不可少此物的。

考便器的便，《汉书·张安世传》中已有说到："安世为光禄勋，郎有醉小便殿上，主事白行法，安世曰，何以知其不反水浆耶？如何以小过成罪？"此便之最早见于载籍者。至何以称便，大约是一种反辞，正如下面所说的清器。事本不便，反说之则为便了。

便器古亦称为亵器，见《周礼·天官》："玉府掌王之燕衣服衽席床笫凡亵器。"郑司农曰："亵器，清器虎子之属。"清亦作圊，《说文》云："厕清也。"徐锴以为："厕古谓之清者，言污秽常当清除也。"实则这是反辞，本是秽物，偏说它是清器。徐氏所解，未免带些书卷气的。明时又称圊桶。《嵩阳杂识》云：

何大复傲视一世，在京师日，每有燕席，常闭目坐，不与人交一言。一日，命隶人携圊桶至会所，手挟一册，坐圊桶上，傲然不屑，客散，徐起去。

今则又称为马桶，亦称马子，指说因唐人避虎子讳，故有是称。按：《通雅》引陈水南云："兽子者，亵器也，或以铜为马形，便于骑以溲也。"是称马为状其形。又据柴萼《梵天庐丛录》云：

陈眉公每事好制新样，人辄效法。其所坐椅曰眉公椅，所制衣曰眉公布，所食饼曰眉公饼，所交娼妓曰眉公女客，已可笑矣；其尤者至其溺器，空其底，以便野坐，则呼曰眉公马桶。眉公在当时妆点山水，附庸风雅，固一好名者流。顾一溺器，亦以眉公名，眉公不几为马桶遗臭乎？

则明时已有此称。陈眉公即陈继儒，固亦爱好缀集，当有其来历的。至于称为虎子，据说由虎而来，如明人《芸窗私志》云：

客问瑶卿曰：『溺器而曰虎子何也？』答曰：『神鸟之山，去中国二十五万里，有兽焉，名曰麟主，服众兽而却百邪。此兽欲溺，则虎伏地仰首，麟主于是垂其背而溺其口，故中国制溺器名虎子也。』

然此亦恐为想象之辞，未必真有这么一回事的。或者如马子取其形状相似而已。

溺器今又称为夜壶，以为多用于晚上。但也因此而闹成一个笑话，如宋郭彖《睽车志》所载：

常州有一村媪，老而盲，家惟一子一妇。妇一日作炊未熟，而其子呼之他所，妇嘱姑为毕其炊。媪盲无所睹，饮食成，扪器贮之，误得溺器。妇归，不敢言，先取其中洁者食姑，次以馈夫，视器旁恶者，乃以自食。良久，天忽昼暝，觌其面不相睹。其妇暗中若为人摄去。俄顷开明，身乃在近舍林中，衣间得一小布囊贮米三四升，适足供夕餔。明旦，视囊中米复如故，宝之至今。予始闻此事，窃谓昼暝得米，或孝感所致，如郭巨得金之类。至谓囊米旦旦常盈，则颇近迂诞；然范德老为人诚悫，恐必不妄传。而村妇一节如此，亦可尚也，故录以为劝。

这只能作为笑话，决无其事可信的，至少后半段是如此。另外还有一个笑话，那是《录异传》中所载的：

吴时嘉兴倪彦思，忽有鬼魅在家，能为人语，饮食如人，惟不见形。思乃延道士逐之。酒肴既设，道士便击鼓召请诸神。魅乃取伏虎于神坐上，吹作角声，以乱鼓音。有顷，道士忽觉背中冷，惊起解衣，乃伏虎也。

此伏虎亦即虎子的异称。道士捉魅，反被魅所捉弄，倒是真实的笑话了。

此外古来有以人头为便器的，如《晋书·徐嵩传》云：

嵩迁守始平郡，甚有威惠。及垒陷，姚方成执而数之，嵩厉色谓方成曰：『汝姚苌罪应万死，主上止黄眉之斩而宥之，叨据内外，位为列将，无犬马识养之诚，首为大逆。汝曹羌辈岂可以人理期也！何不速杀我，早见先帝取姚苌于地下？』方成怒，三斩嵩，漆其首为便器。

前于此者，《史记》中有赵襄子漆智伯头以为饮器，《汉书》亦有匈奴破月氏王以其头为饮器，晋灼以为此“饮器虎子属也”，盖反其语而讳之，所以泄愤者也。

附录

Appendix

一　笔

毛颖者，中山人也。其先明眎，佐禹治东方，土养万物有功，因封于卯地，死为十二神。尝曰："吾子孙神明之后，不可与物同，当吐而生。"已而果然。

明眎八世孙䨲，世传当殷时，居中山，得神仙之术，能匿光使物，窃恒娥骑蟾蜍入月。其后代遂隐不仕。或云居东郭者，曰㕙，狡而善走，与韩卢争能。卢不及，卢怒，与宋鹊谋而杀之，醢其家。

秦始皇时，蒙将军恬南伐楚，次中山，将大猎，以惧楚，召左右庶长与军尉以《连山》筮之，得天与人文之兆。筮者贺曰："今日之获，不角不牙，衣褐之徒，缺口而长须，八窍而趺居，独取其毛，简牍是资。天下其同书，秦其遂兼诸侯乎?"遂猎围毛氏之族，拔其豪，载颖而归，献俘于章台宫，聚其族而加束缚焉。秦皇帝使恬赐之汤沐，而封诸管城，号曰管城子，日见亲宠任事。

颖为人强记而便敏，自结绳之代以及秦，事无不纂录，阴阳卜筮占相医方族氏山经地志字书图画九流百家天人之书，及至浮图《老子》外国之说，皆所详悉。又通于当代之务，官府簿书，市井货钱注记，惟上所使。自秦始皇及太子扶苏胡亥，丞相李斯，中车府令高，下及国人，无不爱重。又善随人意，正直邪曲巧拙，一随其人。虽后见废弃，终默不泄。惟不喜武士，然见请亦时往。累拜中书令，与上益狎，上尝呼为中书君。上亲决事，以衡石自程，虽宫人不得立左右，独颖与执烛者常侍，上休方罢。

颖与绛人陈玄，弘农陶泓，及会稽楮先生友善相推致，其出处必偕。上召颖，三人者不待诏，辄俱往，上未尝怪焉。

后因进见，上将有任，使拂拭之，因免冠谢。上见其发秃，又所摹画不能称上意，上嘻笑曰："中书君老而秃，不任吾用。吾尝谓君中书，君今不中书邪?" 对曰：

"臣所谓尽心者。"因不复召,归封邑,终于管城。其子孙甚多,散处中国夷狄,皆冒管城,惟居中山者能继父祖业。

太史公曰:毛氏有两族,其一姬姓,文王之子,封于毛,所谓鲁卫毛聃者也。战国时有毛公毛遂。独中山之族,不知其本所出,子孙最为蕃昌。《春秋》之成,见绝于孔子,而非其罪。及蒙将军拔中山之豪,始皇封诸管城,世遂有名,而姬姓之毛无闻。颖始以俘见,卒见任。使秦之灭诸侯,颖与有功,赏不酬劳,以老见疏,秦真少恩哉!(唐韩愈《毛颖传》)

二　墨

乌宝者,其先出于会稽楮氏,世尚儒务词藻,然皆不甚显。至宝厌祖父业,变姓名,从墨氏游,尽得其通神之术,由是知名。初宝之先有钱氏者,亦以通神之术显，迨宝出，而钱氏遂废。然其术亦颇相类，故不知者犹以为钱云。

宝轻薄柔默，外若方正，内实垢污，善随时舒卷，常自得圣人一贯之道，故无入而不自得。流俗多惑之，凡有谋于宝，小大轻重，多寡精粗，无不曲随人所求。自公卿以下，莫不敬爱。其子姓藩衍，散处郡国者，皆官给庐舍，而加守护焉。其有老死者，则官为聚其尸而焚之，盖知墨之末俗也。宝之所在，人争迎取邀致。苟得至其家，则老稚奴隶，无不忻悦，且重扃邃宇，敬事保爱，惟恐其它适也。

然素趋势利，其富室势人，每屈辄往，虽终身服役弗厌；其窭人贫氓，有倾心愿见，终不肯一往；尤不喜儒，虽有暂相与往来者，亦终不能久留也。盖儒墨之素不相合若此。

宝好逸恶劳，爱俭素，疾华侈。常客于弘农田氏，田氏朴且啬，宝竭诚与交。田氏没，其子好奢靡，日以声色宴游为事，宝甚厌之。邻有商氏者，亦若田氏父之为也，遂挈其族往依焉。盖墨之道贵清净故也。然其为人也多诈，反复不常。凡达官势人，无不愿交，而率皆不利败事，故其廉介自持者，率不与宝交。自宝之术行，挟诈者往往伪为宝术，以售于时，后皆败死，故宝之术益尊。

是时昆仑抱璞公，南海玄珠子，永昌从革生，皆能济人，与世俯仰，曲随人意。而三人者亦愿与宝交，苟得宝一往，则三人亦无不可致，故时誉咸归于宝焉。宝族虽伙，然其状貌技术，亦颇相似，知与不知，咸谓之乌宝云。

论曰：乌氏见于《春秋》《世本》《姓苑》，若存余技乌获，皆为显仕。至唐承恩，重胤始盛，迨宝而益著。宝裔本楮氏，而自谓乌氏，则变诈亦可知矣。宝之学虽出于墨，而其害道伤化尤甚，虽孟轲氏复生，不能辟也。然使宝生于唐虞三代时，其术未必若是显，然则宝之得行其志者，亦其时有以使之。呜呼，岂独宝之罪哉！（明高明《乌宝传》）

三 纸

楮宝,中国人也。其原出楮币。其先楮先生出东汉蔡伦之门。赵宋时有会子者,用于世,然犹白衣。逮大元始就国制,佩硃墨之章,乃大显。洪武中,上召见,修饰其边幅,裁令端方,赐之东方服色,佩三印,与孔方偕行,民甚赖之。

凡居室服食器货五礼九式之用,无不借其力。尤通于上下之情,曲直长短龃龉,率能为解纷。大而山川土田之重,子女玉帛之贵,小而谷粟丝麻之用,饮食蔬果之给,宝皆愿指而致之。公私事无巨细,有宝则咄嗟而办,蓄之则质可变,炙之则手可热。宝所亲厚者,辄偃蹇僭侈,哆然若有所恃赖;宝所否者,则气沮形消,行止茫然,开口动足,无不背戾。故虽妇人小子,皆爱敬之。

为人性柔而质方,体薄而文墨,见于面喜,与贪夫俗子伍，清高廉洁。士虽间与游，不久辄去之，而贤者亦不屑就。或有问于宝曰："子之名闻天下，有济世之材，吾甚敬子，奈何贫善而富恶，向贪而背廉，颜穷而跖达，子为之乎？"宝曰："噫，物之不齐，物之情也！穷达命焉，我何力焉？且炎炎者绝，凡吾所盛交者，皆以豕心而要我。吾率族而聚之者，皆祸之倚。吾恝然不相亲者，或为福之伏。君子修身俟命，以贫为常，以廉为防，奚藉于我哉？"

传曰：宝之尊贵而利于世，可谓盛矣。而世之所以丧其良心者，亦宝使之然也。且喜继富，不能周人之急，士君子以是短之。然其通天下之货，集天下之事，成天下之亹亹者，孰有过于宝者哉？（明姜子万《楮宝传》）

四　砚

罗文，歙人也。其上世常隐龙尾山，未尝出为世用。自秦弃《诗》《书》，不用儒学，汉兴，萧何辈又以刀笔吏取将相，天下靡然效之，争以刀笔进，虽有奇产，不暇推择也，以故罗氏未有显人。

及文，资质温润，缜密可喜，隐居自晦，有终焉之意。里人石工猎龙尾山，因窟入见，文块然居其间，熟视之，笑曰："此所谓邦之彦也，岂得自弃于岩穴耶？"乃相与定交，磨砻成就之，使从诸生学，因得与士大夫游，见者咸爱重焉。

武帝方向学，善文翰，得毛颖之后毛纯为中书舍人。纯一日奏曰："臣幸得收录，以备任使，然以臣之愚，不能独大用。今臣同事皆小器顽滑，不足以置左右，愿得召臣友人罗文以相助。"诏使随计吏入贡，蒙召见文德殿。上望见异焉，因弄玩之曰："卿久居荒土，得被漏泉之泽，涵濡浸渍久矣，不自枯槁也。"上复叩击之，其音铿铿可听。上喜曰："古所谓玉质而金声者，子真是也。"使待诏中书，久之，拜舍人。

是时墨卿楮先生皆以能文得幸，而四人同心，相得欢甚，时人以为文苑四贵。每有诏命典策，皆四人谋之，其大约虽出于上意，必使文润色之，然后琢磨以墨卿，谋画以毛纯，成以授楮先生，使行之四方远夷，无不达焉。上尝叹曰：“是四人者，皆国宝也。然重厚坚贞，行无瑕玷，自二千石至百石吏皆无如文者。”命尚方以金作室，以蜀文锦为荐褥赐之，并赐高丽所献铜瓶为饮器，亲爱日厚；如纯辈不敢望也。上得群才用之，遂内更制度，修律历，讲郊祀，治刑狱，外征伐四夷，诏书符檄礼文之事，皆文等预焉。上思其功，制诏丞相御史曰：“盖闻议法者常失于太深，论功者常失于太薄，有功而赏不及，虽唐虞不能以相劝。中书舍人罗文，久典书籍，助成文治，厥功茂焉。其以歙之祁门三百户封文，号万石君，世世勿绝。”

文为人有廉隅不可犯，然搏击非其任。喜与老成知书者游，常曰：“吾与儿辈处，每虑有玷缺之患。”其自爱如此，以是小人多轻疾之。或谗于上曰：“文性以贪墨，无洁白称。”上曰：“吾用文掌书翰，取其便事耳。虽贪墨吾固知，不如是亦何以见其才。”自是左右不敢复言。文体有寒疾，每冬月侍书，辄面冰不可运笔。上时赐之酒，然后能书。

元狩中，诏举贤良方正，淮南王安举端紫，以对策高第，待诏翰林，超拜尚书仆射，与文并用事。紫虽乏文采，而令色尤可喜，以故常在左右，文浸不用。上幸甘泉，祠河东，巡朔方，紫常扈从，而文留守长安禁中。上还，见文尘垢面目，颇怜之，文因进曰：“陛下用人，诚如汲黯之言，后来者居上耳。”上曰：“吾非不念尔，以尔年老，不能无少圆缺故也。”左右闻之，以为上意不悦，因不复顾省。文乞骸骨伏地，上诏使驸马都尉金日磾翼起之。日磾胡人，初不知书，素恶文所为，因是挤之殿下，颠仆而卒。上悯之，令宦者瘗于南山下。子坚嗣。

坚资性温润，文采缜密，不减文，而器局差小。起家为文林郎，侍书东宫。昭帝立，以旧恩见宠。帝春秋益壮，喜宽大博厚者，顾坚器小，斥不用。坚亦以落落难合于世，自视与瓦砾同。昭帝崩，大将军霍光以帝平生玩好器用，后宫美人置之平陵。坚自以有旧恩，乞守陵，拜陵寝郎。后死，葬平陵。

自文生时，宗族分散四方，高才奇特者，王公贵人以金帛聘取为从事舍人。其下亦与巫医书算之人游，皆有益于其业，或因以致富焉。

赞曰：罗氏之先无所见，岂左氏所称罗国哉？考其国邑在江汉之间，为楚所灭，子孙疑有散居黟歙间者。呜呼！国既破亡，而后世犹以知书见用，至今不绝，人岂可以无学术哉？（宋苏轼《万石君罗文传》）

五 扇

持风使姓操名规，来清其字也。其先佐虞氏开广视听，系籍五明。殷宗以雉尾纪官，周昭以雀翅标衔。迨晋，扬谢傅之仁者袁东阳，蔽庾镇之尘者王司徒。总之转移世风，激扬是系，非具挺然之节，皎然之姿者，弗克胜任,故人特为之倚重云。

挽近法令烦苛,民罹汤火,甚于烁石煎沙,无可逃避。使者奉简书,就所握,舒徐摇曳,在在风生。左顾左冷然善也,右顾右冷然善也。觉捐烦即夷,如在深山茂林中矣。咸赏心谢曰:“焦土之民,少苏憔悴,皆君赐也。何不出其风力,鼓鬯四方,乃仅一隅之披拂为?”曰:“三皇之风邃如,五帝之风穆如,三王之风熙如。风随世转,来莫测其端,去莫知其止。即天地且听其斡旋,此诚命世之英耳,非凡手之力也。”依依然虽掌握惟人,不傲之以不屑。军中指挥,掖庭裁制,咸与焉。

惟运承肃杀,虽未及履霜,即奉身而退,韬藏惟恐不密。阳和载世,操纵自由,复解其弢结以效。不先时而争时,不后时而失时,盖龙飞利见时也则致用,龙潜养晦时也则泥蟠,君子以为得出处之道焉。

嗣后世其官者,殆非一姓,苍梧有湘妃氏,则以文采显;交南有檀夫氏,则以芳韫显。其本实足以风世,故皆为工宗所荐。(明支廷训《持风使者传》)

六　镜

容成侯金炯者,本蜀郡严道人,附山而居,同族中多见搜采。其先因秦时调发,请尚方输作,世苦之,乃诫子孙易其服色,必以清厉自进。后徙居上洛,会郡中卢生范生皆传修炼之术,委质相资,因砥磨以致用。

上闻而器之,召见,嘉其鉴局,且谓毫发无隐,屡顾之,历试台阁,号为明达。挟奸邪以事上者,见之胆栗,辄自披露。至于妇人女子媚惑之态,亦不能掩也。其察察如此。是虽造物无私,圆方不碍,然疵陋者终恶忌,积毁于上,以为背面不相副。炯亦自病于狭中,不能以尘垢混其迹,竟被摈斥。

后亟有月蚀之变,时宫中漏下数刻,上临轩念其规益,复召,俾其道所以然者。扣之,响应不疲,上异焉,命以容成侯,奉朝请。

而宗人派别于广陵者,炫饰求售,陷为轻薄。于权戚中或妩然自喜,则狎玩不厌,至或被以组绣,盖其俯仰取容,虽穿鼻服役,亦无耻耳。既稍进,烔又鄙其为人,乃复以谗废,归老于家。

太史公曰:烔之远祖,当轩辕时,以化服于祝融氏,得荐于上,能强记天象地形,草木虫介,万殊之状,皆视诸掌握,盖其术亦规摹于洪范耳。物怪遇之,莫不揣息。自废后,益亲幸,上晨兴必先至,则与冠冕者偕进,号为寿光先生。其后子孙稍衰,流寓太原者,始尚元,亦以精练见重。至烔虽任用兢兢,惟恐失坠,然不善晦匿,果为邪丑所疾,几不能免。噫!大雅君子,既明且哲,以保其身,难哉!(唐司空图《容成侯传》)

七 梳篦

苏理相公字栉甫,山阳人也。本质实木,费几许切劘，以成规制。愤人纷纭胶结，而自外于理，百为引导，一辟于大通之途。又虑难以径行其直，外貌委蛇，而此中条分缕析，井井不可乱。读书至“元首明哉，股肱起哉，百工熙哉！”慨然叹曰：“万始万生，悉资于元。万邦系一人，谅矣。椎鲁虽邻于古初，而蒙茸无当于雅化。吾欲举世快睹冠裳，当襄元后克端轨物，躬勤启迪。”更设一副以佐之。其副亦效公之容，与以受成焉。

每当清旦之时，洮颒甫毕，即率其副以进迎机导，窾解而析之，比类而通之；间值紊塞而未易疏畅，即或痛切肌肤弗顾，期于万法得理而止。油油然更相左右，奉为故事。

会见，善之地，紊者秩，塞者通，尽归约束，冠盖相望于涂。已想当时，姬公勤三握以劳制作，谨四教，定三加，非起公而预为之经理不能。怒发如相如，必且即公而夷；科头如管宁，必且就公而整；斗狠如闾巷少年，囚首垢面，必且凭公处分，各就约束如初。其随在致理，又可缕指而数计也者？然岂一时搜剔所能，惟总其大纲,精密处副实为政。虽以丁年并进,副以衰钝乞休,复举一以副公,共事如出一手,无加大间旧之嫌,处之谧如也。微公咛独通梁,章甫无以示仪,即九旒五冕,安所辨等威哉?(明支廷训《苏理相公传》)

八 酒杯

商君姓陶名一中,家于饶之景德。相传先世居河滨,有曰器者,型虞舜之化,以不苦窳称。及舜宾四门,尝柄用之,封商丘,世袭商君之号。

商生而缜密,颜色光泽,叩之音响清亮,有识者曰:"此庙堂器也,岂破窑中能久羁乎?"陶族多用于时,有职精膳者,有职珍羞者,有职掌醢者,商皆卑下之;独与锡山壶子,曲城陆胥相友善,其出处必偕。

始胥因壶子纳交于商,商赖其丽泽,显名于世。会良辰,上方宴客,敕有司治具,悬乐以待。时主爵乏人,群下荐商君；太常乏人，群下荐壶子；良酝署乏人，壶商因荐陆胥。上曰："陆生醇儒，肯为我来邪？"乃使壶子持节往召。顷之，陆胥与壶子俱来，商君候于席，侧导陆生，遍谒诸客，人人浃洽。谓商君亲己，无不口衔其泽者。上欢甚，常执商手问曰："陆生风度得如商郎否？"商对曰："陆生汪汪，如波千顷；臣虽日与渐涵，不能测也。"上曰："不有卿，安能亲陆生使我心醉邪？"

他日，群臣贺千秋，上赐宴于琼林，预语商曰："闻古宾筵，有监有史。我欲令子扬觯，兼巡按诸在坐者，于子何如？"商对曰："臣闻丈夫磊落，如珠走盘，将终不能令人起敬邪？"至期，商甫就席，诸座客皆擎拳曲跽，持之如执玉，奉之如捧盈，惟恐少有所伤，其见礼于人若此。壶不平，每以口侵凌之，幸其满而覆也。商觉，遽反之曰："胡不严如瓶之戒邪？"商日被宠渥，上常以右手提携；而自视与瓦缶同，绝无骄溢色，谁谓其器小易盈哉？

无何，金城贾氏及玉卮子以奇巧得幸，与商争宠。

商谓之曰:“安静之器,悃愊无华。若辈虽金玉其相,追琢其章,只为富贵家役使耳。孰若我出自陶穴,登之庙堂,下至阛阓闾阎,无富无贫,无贵无贱,无不捧我掌中,口相授受,又安用炫耳目之观为哉?”

商行已甚洁,喜与持重者游。尝曰:“吾与儿辈处,每虑有玷缺之患。”又曰:“我虽凉薄,必不坠于庸人之手。苟持我不谨,即能齑粉我,我亦不往也。”盖知自重哉。然以久握机权,微有瑕隙可指,上亦将厌掷之,遂连表乞骸。上可其请,以商尝从越名士游修竹茂林间,赐曲水为汤沐。商感上之恩,屡欲捐躯,虽家贫,每饭不忘,闻召即赴,未尝以寒燠辞。

居恒以侑器为监,可满而不可覆,可虚而不可欹。即坐客有号呶者,商中立自如,徐规之曰:“酒以成礼,不继以淫,慎勿使我为漏卮哉!”考之古吴有郑泉者,性嗜酒,临卒,谓家人曰:“死必葬我陶家之侧,幸身化为土,以作酒器,获我心矣。”人谓商君即郑泉后身,理或然也。(明刘启元《商君传》)

九　浴盘

侯姓陶，讳以涤，字子雪。远祖受帝舜型范，家于河滨。其后皆得赐汤邑，以侯爵世其传。

量颇容善，令人革面，此衷长定也。重默自处，见人负累，不忍于大庭广众斥之，每于暗室屋漏中潜为淘汰；盖恐翘人过，亦乘其悔悟而渐移之耳。人乐其善淘己也，少有累，辄就侯而谢绝焉。侯亦不厌再三，旋染旋涤，以污入者，必以洁出，无有抱秽终者，即其人素行修洁，凡遇祭祀朝会婚媾，不敢因其故，必更经洗涤，然后从事。自王侯卿相圣仁节烈，罔不嘉与之同清。甚而深闺淑媛，潜踪屏息，人莫窥其形影，遇侯披襟露膈，显出之而无顾虑。侯亦任与其洁，弗拒也。

或以其随投辄受，几于无辨，鲜不指更新之路，为藏垢之府矣，侯自信固定也。曰："人见我在清浊之间，不知我在清浊之外。湛然静止，非关吾体；纷然四应，岂失吾常？”

量虽善容，而性实太锐，偶为不检者所触，不觉厉声随之，体竟受伤。多方保护，终成痼疾。惟孤竹氏谙其情性，不忍听汶汶者之偶阻于祓除也，日夕曲为周旋，弥其渗漏。亦能勉与人濯磨，赖以自新者，时亦不乏。迨后孤竹氏以衰朽告退，侯亦不禁解体，门墙遂索然冷矣。其子姓散于四方者甚众，颓垣废井，皆其遗体所在。（明支廷训《新城侯传》）

一〇 酒壶

壶子字酌之，其先锡山人也。质稍冥顽，镕化于将作大匠，复为之切磋，以成其器。为人长喙大耳，腹恢恢而有容。

初与曲城陆胥交莫逆，共探圣贤道术。陆生曰：

“夫道以虚为体，以实为用。虚而实，实而虚，妙故无穷，几乎道矣。”居数日，壶子告胥曰：“吾虚矣。”胥曰：“未也，恐有我盈其中。”壶子随倾之曰：“吾虚矣。”胥曰：“未也，恐有我留其中。”壶子尽倾之告胥曰：“吾虚矣。”胥叩其中，空空如也，曰：“果虚也与哉！吾请从子以周旋。”

无何，壶子官太常，见商君如旧识。商尝枕壶子膝，指其腹曰：“此中何所有？”壶子曰：“此中空洞无物，最是难测地。”商戏之曰：“子所谓徒有此大腹，了自无刚肠者。”壶不之校，谓人曰：“宁我容人，无人容我。”壶尝共商语，剌剌不能休。商问何处得来，壶子曰：“曩与陆生交，每虚而往，实而归，特为子倾倒之念。欲荐之上，未能也，子其图之！”

商因荐胥于上。上召陆胥，与语大悦，谓壶子曰：“吾于商生，手之而不释；吾于陆生，口之而不置；卿为之先容，卿其作余耳目乎？”命摄主客司事。四方宾至，先遣商出款之，壶子偕陆胥随其后，而斟酌对焉。吐词温醇，有足沦洽人肌髓者，一座为之尽倾。

尝为长夜饮，至夜分，陆生力竭，上察壶有攲侧态，腹且枵然。上笑曰："壶生其庶乎屡空。"顾谓商君曰："瓶之罄矣，惟罍之耻。壶子与卿之谓乎？可休沐。"壶后归老于锡山，自号鸱夷子皮。

乡有瓶生者，状类壶，而性不嗜酒，常居井牧间。壶讥之曰："视子之居于井之湄，饮水满腹，香醪罔知。绠断身坠，粉骨何疑？"瓶亦借鸱夷讥壶曰："鸱夷酒囊，乐极招殃。痛饮满腹，代人行觞。孰云国器，多藏厚亡。"壶闻而愧之。

又尝与乡人设馔，先与陆生饮酒，自扪其腹而出，曰："我不负汝。"商君曰："子不负腹，腹当负子。"壶曰："不然，予尝承颜接词，我口若悬河，源若倒峡，一泻若建瓴而下，何谓腹负我邪？"座客不能屈。曰："有本者如是，是之取尔。"

壶虽浮湛闾里，酌尊卑戚疏之辨，未尝凌节逆施。其精义类此。性好对客，虽制必以貌，不冠不见。尝与北海语曰:“座上客常满,尊中酒不空,吾无忧矣。”其器量甚宏,人莫窥其深浅。常为臧获所执,坦如恬如也。柱下史曰:“大盈若冲,其用不穷。”漆园吏曰:“注焉而不满,倾焉而不竭。”壶子盖庶几哉!

尝观《列仙传》有壶公者,安期生尝师之,日悬一壶于都市,晚入憩其中,因以壶公名。壶子岂其流裔邪?(明刘启元《玄壶子传》)

一一 茶壶

坡翁尝曰:“买田阳羡,吾将老焉。”岂以济胜得胜,故云尔邪?非也。此中有一清真道人与汤蕴之最善。道人名闻天下,即天子首嘉之,啧啧曾不释口。

蕴之,亦阳羡产也。状貌虽不甚伟,闲雅修饰,一准于时。且火候具足,入水不濡。历金山玉泉碧涧,咸为识赏中怀,惟珍一清真。清真亦惟蕴之是契。两相渐涵，芝兰之气不啻也。饮德者风生两腋，在座尘祛，能令寐者忽寤，醉者旋醒，烦者顿解。

喜通雀舌，故知会悟也；仪肃枪旗，尊驾聿临也；颁颁龙凤，禁庭异数也。所以导款诚，将祗肃，孰为之调停斟酌，非蕴之弗任矣。以故士君子咸器之，于时名益重。虽愧然一质，即金玉其相者，不与易也。

有同类流入酣里，典裘落帽，居然以圣贤自标，笑其斤斤独抱，徒为自苦耳。曰："吾苦固甘之。凡受我灌输者，谦谦抑抑，一如捧盈。虽有高谈情话，终始不愆于仪，非若丧德丧邦是戒者。"宁从竹里炊烟，不向瓮边觅梦；宁随作书刘琨为伍，不与投辖陈遵为邻。整容缄口，一种清芬，未启气已充然有余。其入，人亦在意气，非关唇吻。置之者亦必慎择所处，非几筵弗置也。

禹锡馈菊表情，陶縠烹雪知味，率皆蕴之襄事。松风盈唱，其受知于坡翁素矣，微独阳羡佳山水，足当一老邪！（明支廷训《汤蕴之传》）

图书在版编目（CIP）数据

器用杂物：小精装校订本 / 杨荫深编著. —上海：上海辞书出版社，2020
（事物掌故丛谈）
ISBN 978-7-5326-5592-2

Ⅰ.①器… Ⅱ.①杨… Ⅲ.①生活用具－中国－通俗读物 Ⅳ.①TS976.8-49

中国版本图书馆CIP数据核字（2020）第099345号

事物掌故丛谈
器用杂物（小精装校订本）
杨荫深　编著

题　　签　邓　明　篆　　刻　潘方尔
绘　　画　赵澄襄　英　　译　秦　悦

策划统筹　朱志凌　责任编辑　李婉青　特约编辑　徐　盼
整体设计　赵　瑾　版式设计　姜　明　技术编辑　楼微雯

出版发行　上海世纪出版集团
　　　　　上海辞书出版社（www.cishu.com.cn）
地　　址　上海市陕西北路457号（邮编　200040）
印　　刷　上海雅昌艺术印刷有限公司
开　　本　889×1194毫米　1/32
印　　张　6.5
插　　页　4
字　　数　86 000
版　　次　2020年8月第1版　2020年8月第1次印刷
书　　号　ISBN 978-7-5326-5592-2/T·192
定　　价　49.80元

本书如有质量问题，请与承印厂联系。电话：021-68798999